慢得刚刚好的生活与阅读

爱上收纳

井井有条 ﹠ 热气腾腾的家

蚂小蚁 —— 著

化学工业出版社
·北京·

这是一本关于家居收纳整理的书。本书从新的角度解读大众对收纳的认知。收纳不是依靠"收纳神器"，整洁的家也不是只有勤快的人才能拥有。真正省力的收纳所有人都能做好。它不是事后的收拾，而是事前的准备；不是耍小聪明，而是高级的智慧；不是抱怨地要求，而是对家人的关怀；不是盲目地跟风，而是对自我、对生活的真实审视。本书将详细介绍让家变得井井有条又热气腾腾的收纳法则，让每个人都能拥有可以取悦自己的家。

图书在版编目（CIP）数据

爱上收纳：井井有条又热气腾腾的家 / 蚂小蚁著 .
—北京：化学工业出版社，2019.11（2022.6 重印）
ISBN 978-7-122-35200-2

Ⅰ．①爱… Ⅱ．①蚂… Ⅲ．①家庭生活—基本知识
Ⅳ．① TS976.3

中国版本图书馆 CIP 数据核字（2019）第 206473 号

责任编辑：张　曼　龚风光　　　　　　　装帧设计：梁　潇
责任校对：王鹏飞

出版发行：化学工业出版社（北京市东城区青年湖南街13号　邮政编码 100011）
印　　装：中煤（北京）印务有限公司
710mm×1000mm　1/16　印张 16　字数 300千字　2022年6月北京第1版第5次印刷

购书咨询：010-64518888　　　　　　售后服务：010-64518899
网　　址：http://www.cip.com.cn
凡购买本书，如有缺损质量问题，本社销售中心负责调换。

定　价：68.00元

目　录

第三章

让收纳经得起时间的考验

第四章

20 条让生活井井有条的收纳心法

第五章
家是温暖的人间归宿

附录
美好的家之 30 天养成计划

第一章

在家里只有让自己舒服才是正经事

66

随心所欲地规划你的家，

让家居布置得'像自己'

99

01 怎么也待不够的家

　　冬天的清晨天亮得很晚，四岁的儿子还躺在小床上呼呼大睡，先生轻轻地爬起了床，走出卧室的门，打开洗手池的灯开始洗漱。我借着外面照进来的光，找到前一天晚上挂在孩子床头的小衣服，一边轻声叫唤他，一边帮他穿衣。

　　穿好衣服，他也醒了。我牵着他的小手来到外面的洗脸池，他自己踩上小凳子，从小杯子里拿出牙刷，挤上牙膏……刷完牙，洗完脸，取下另一侧的毛巾把小脸擦干净，再把毛巾挂回毛巾杆。接着转身走到客厅的置物架，从敞开的盒子里拿出自己的护肤霜……"抹完香香，可以出发了！"他说。

　　先生从玄关的挂衣架上拿下自己的外套穿上，从开放式鞋柜的下层取出自己的鞋穿上，儿子也从低矮处的小挂钩上取下自己的小外套和围巾穿戴好，从鞋柜的上层取出自己的小鞋子穿上——这些都是他们前一天回家的时候自己放在这里的。

　　"妈妈，晚上见！"跟我告完别，儿子就跟着先生出门去上幼儿园了。

　　像我这样的自由职业者，白天大多数时间都是在家里度过的。很多人觉得，一直待在家里会无聊和厌倦，会让自己陷入灰头土脸的生活琐事中。他们不停地跑出门，去装潢精致的地方寻享受，去人潮涌动的地方找乐子，就这样一直在外面待着，直到需要睡觉的时候，才不得不回到自己的家。

但对我而言，却恰恰相反。

每天早晨，在快速的节奏中送走上班的先生和上学的孩子，我都会回到卧室，打开床头灯，随手拿出一本书，靠在床上看一会儿。双层玻璃窗和遮光窗帘隔绝了外面苏醒的世界和人们匆忙的脚步，卧室里也没有任何扰人心绪的物件，这让我可以偷偷延续一下睡觉的安宁气氛，让自己从里到外慢慢地"醒"来。

给自己做早餐很简单，要么泡一杯咖啡，往小锅里扔一枚鸡蛋，再在多士炉里烤上两片面包；要么煮一碗小馄饨，热一杯牛奶，或者泡一壶小青柑……同时，我会打开餐厅的小王子收音机，开始洗漱。因为客厅、餐厅、厨房、洗脸池是完全连通的，所以我可以非常快速地在这些事情之间切换。

每天工作的书桌

坐在书桌前，是我白天大多数时候的状态：椅子上铺着温暖的羊毛垫子，背后的靠枕是为了保护我受过伤的腰。坐下的时候，我会取下椅背上的毯子，用来盖在膝盖上保暖。桌子的主角是我的笔记本电脑，还有一盏台灯，一个蓝牙音箱，通常还会摆上一瓶鲜花——除此之外就什么都没有了，这样我在伏案工作的时候会更专心。随时要用到的本子、纸笔、书，还有其他琐碎的小工具，都放在旁边的书柜格子里，我不用站起身，只要一伸胳膊就能拿到，用完也顺手就能放回原处。

虽然大多数时候都是独自工作，但我也不是那么"寂寞"。比如，把扫地机器人打开——"开—始—清—扫"它报告了一声，就乖巧地开始在屋子里转圈圈，我干我的，它干它的。伴随着机器轻轻的嗡鸣声，我写完了几页教案，回头一看，家里的地上已经一尘不染，扫地机器人也回到了自己的充电桩开始充电。嗯，我也该充充电，喝杯

坐在书桌朝阳台望去，看到的是一排生机勃勃的绿植。

茶了。

比起上午，我更喜欢下午坐在这里，正朝向西方。在北京，像这样东西朝向的房子不是那么受欢迎，它听起来怎么都不像"坐北朝南"那么端正规矩。但对于总是在下午工作到头昏脑涨的我来说却刚刚好：课程写不下去、方案怎么都不能满意的时候，抬头就能看见经过整个上午的酝酿后异常饱满的阳光从西南方向穿过纱帘，落在窗户下那一排绿色的植物上。"打起精神来！"——我听见它们这样跟我说。

等到夕阳照到我的书桌，就到了该收工的傍晚时分。我会先用五分钟的时间把散落各处的和工作相关的物品放回原位，然后打开新风系统，打开加湿器，把晒好的衣

在餐桌前给家人准备水果。

服从阳台上拿回衣柜里直接挂上，把孩子第二天要换的衣物挂到小床的床头。

厨房台面上空空如也，给了我快速发挥的空间，想要的食材也都能立刻找到，所以晚餐的两三个菜通常只需要花个十几分钟就能准备好，最后把电饭锅里焖上米饭，再把孩子要吃的水果从冰箱里拿出来。

看着一切就绪的家，心里无比踏实。该出门去接孩子放学了。

晚上，孩子听完故事进入梦乡，我也关上灯，躺进温暖的被窝。

这个时候，我总会忍不住回想一遍今天的时光……明天，又会是像今天一样美好又满足的一天吧！

建筑家安藤忠雄曾说："我希望人们自问居住究竟是什么，以唤醒人们身体中对生活的感觉。"如果让我来回答，我会说："居住，就是有这么个地方，可以让自己彻底地感到舒服。"

幸运的是，我已经拥有了这样一个让我每时每刻都感到舒服的、怎么也待不够的家……

异常饱满的阳光从西南方向穿过纱帘，落在窗户下那一排绿色的植物上。"打起精神来！"——我听见它们这样跟我说。

02 从"收拾狂人"变成"整理师"

从小我就是个喜欢"收拾"的人。

小时候和父母住在一起,属于我的只有一个不到两平方米的小空间,每天放学最喜欢的事情,就是躲在里面,调整东西摆放的方式和位置,看怎么样最好看最舒服。十几岁离家上大学,从八个人挤在一起、买了一盒饼干都不知道该放到哪里去的本科宿舍,到有自己独立的储物空间的四人间研究生宿舍,再到后来毕业离开学校,租住在一居室、两居室,后来终于和先生一起买下了我们人生的第一套房子……不管属于我的是只有一张床,还是100多平方米的两室一厅,我都喜欢把它收拾得整洁妥当。

因为擅长整理而登上《时代》杂志的近藤麻理惠曾经说过,她在很小的时候,每天回家扔下书包就开始整理房间,沉浸在其中无法自拔。她的书我总是一边看一边笑,内心一直有一个声音在说:"是的!是的!我也是的!"

有一个笑话讲,房间干净有条理的人,找起东西来就像程序员,设置好运算模式,输入"袜子",得到"柜子第二门上面第三层",偶尔出个漏洞,稍微修正一下就找到了。而房间乱的人,找东西都像大侦探:"以我当时的心境,会把钱包放在哪儿呢?""按常理是扔在卧室了,可这一次我会不会不按常理出牌呢?"

我就是前者,就是那个程序员,而且还是一个沉浸在修改程序中无法自拔的狂热分子。但我想,无论是和我一样的"整理程序员",还是每天被混乱困扰的"找东西大侦探"，都希望生活在整洁有序、让自己感到舒服的家里。

大概三年前，风靡日美的整理收纳开始在国内萌芽，和许多我现在的同行小伙伴一样，我在看到这些信息的时候激动不已："这正是我想要的事业呀！"于是我开始如饥似渴地阅读相关的书籍，在短短半年里就看了近百本，凡是书名里带有"整理""收纳""家"这些词的书，基本上都被我搜罗了来。大量的"输入"之后，内心逐渐有了一股想要"输出的"蠢蠢欲动，于是我申请了个人自媒体，开始定期在上面分享自己关于收纳的体会和心得。

那时我还在外企工作，是一名通信工程师，每天主要的工作就是跟各种机器和设备打交道，在我的世界里，万事万物的答案不是"0"，就是"1"。整理收纳这个业余爱好，为我打开了新世界的大门，我开始写作、开分享会、和各种各样的人交流……我看到了家的一百种可能性、生活方式的一千种不同选择。慢慢地，我也认识了许多志同道合的朋友，收获了一大批粉丝和读者，对收纳的认知也从东拼西凑的碎片技巧，上升到了系统化的知识理念。

就在这个时候，为了孩子的学籍，我和先生决定把原来100多平方米的房子置换成现在这个70多平方米的学区房。对于那个时候在整理师的职业道路上刚刚起步的我，这个新家的出场，给了我一个可以大展拳脚的"实验室"。我把自己学到的、想到的一切都在这里实践，对它倾注了自己全部的心血。

很多时候，我们拼命努力学习，并不一定就能考第一；用尽心思追求心仪的姑娘，并不一定就能抱得美人归；认真工作，升职加薪的机会也不一定就是自己的……但我一直相信，在对待生活这件事情上，努力和结果是一定会成正比的。

你对一个家的所有付出，它都会点滴必报，并且，只会报以更多。

这个让我付出前所未有的心力去打造的家，也回报给了我一种前所未有的居住体验。入住已经快两年的现在，它依然像我们刚住进来的那一刻一样。井井有条的秩序感与热气腾腾的生活，在这里和谐共处。每天的日常都如流水般自然舒畅，随时都可以打开大门迎接客人。

如果一定要说有什么变化，那就是：每一天都比昨天更舒服。

最重要的是，我并不需要多么努力去维持这样的状态。很多人认为像我们这样的"不整理会死的人"在家里最喜欢进行的活动是收拾屋子，但你们一定猜不到，我每天花在这件事情上面的时间，其实不超过10分钟。

每一本书、每一件衣服、每一只锅碗瓢盆，都物有所踪、各得其所，新添置的物品也很少带来收纳的压力。这里的每样东西都是我们真正喜欢和需要的，它们也总是出现在恰到好处的位置。

这个家里的一切，既可以像贴身的衣物一般舒适，又可以像漂亮的礼服一样展示于人前。

我把这种关于"家"的幸福体验分享给了许许多多的人。

它让我成了大家眼中的"模范屋主""居住榜样"，越来越多的人来跟我一起学习整理收纳，听我的分享会，上我的课，或者请我去家里帮忙整理。

去年，我做了人生中重要的一个决定，辞去了干了十年的工程师工作，正式成为了一名全职的整理师。经过系统的学习，拿到国内第一批日本规划整理协会（JALO）一级生活规划师认证，国内第一批韩国整理收纳协会（KAPO）一级整理收纳专家认证，并加入了中国规划整理塾，在协会中担任上门导师和课程讲师。

现在的我，不是在帮别人规划家居收纳方案，就是在客户家里手把手带着他们一起做整理；不是在家里伏案写作分享整理的心得，就是站在讲台上传授整理收纳的知识。我成了曾经想也不敢想的那种"能够以自己喜欢的事情为生"的幸运儿。

而我心里无比清楚：这一切，正是从我对家的那份爱开始的……

03 接受生活本来的模样

曾经，我也有过不切实际的期待。

比如说，希望我的家能一直像家居杂志上的图片那样精致漂亮。

我去看各种样板间，去请设计师来精心装潢，去搜罗来各种流行的装饰……结果却发现，就算用上和图片上同款风格的家具，但只要放上一包擦手的纸巾，就会立刻出戏；插上鲜花的花瓶放在茶几上是最好的装饰，但淘气的小朋友总是在屋子里跑来跑去，这对他来说很不安全；挂在外面的各种配饰，没过几天就布满了灰尘，清洁成了最大的难题……就算偶尔可以勉强拍出一张差不多的精美照片，但过不了几个小时，一切就又会变成原来那副俗不可耐的模样。

于是我开始有了怨言：一定是我家的面积不够大，格局不够合理，先天条件不够好，才让我无法实现自己的理想。等什么时候换个更大更好的房子，这一切就会解决了。

每次刚搬到一个更大的地方，都是很痛快的，我总是能够找到足够多的"空"的地方。那些曾经放不下的种种，都可以塞进新的柜子里去，再搭配上各种漂亮的装饰，心满意足地开始新的生活。

然而好景不长，很快我就发现东西越来越多，空间越来越不够用，没过几个月，新房子又变成了原来旧房子的样子：东西总是找不到，用起来麻烦，

收拾起来也麻烦，新买的东西更是头疼，因为再没有"空"的地方用来放它们了。

1 2

　　入住的时候像样板间的房子，一个月之后就审美疲劳，半年之后各种东西开始乱堆，一年之后，"卖家秀"彻底变成了面目全非的"买家秀"，整了又乱，乱了又整，每天花费大量的时间和精力在维持整洁。我所谓的新生活，不过就是从一个"乱七八糟的小房子"换到一个"乱七八糟的大房子"

1/ 以前的家的厨房，
　　入住时

2/ 以前的家的厨房，
　　入住一年后

罢了。

对这一切，我是怎么爱也爱不起来了。当初寄托的美好的向往，变成了一种轻易就能被现实生活打败的脆弱的存在。

直到有一天，我看到了一张照片，那是美食博主分享的一顿午餐：干净的方格桌布上，金色的盘子搭配相同色系和材质的刀叉，盘子中间是精致的牛肉三明治，旁边是切开的圣女果，再点缀上几片绿色的薄荷……真美好的一餐啊！我看看它，再看看自己眼前的这碗刚出锅的蛋炒饭，它装在一个很普通的白色瓷碗里，放在昨天刚被孩子弄上油渍的桌布上，顿时觉得难以下咽。同样都是吃饭，为什么看起来差距这么大？

然后我看到了图片下方的评论，有人问："吃得饱吗？"照片的主人回复说："当然吃不饱，这是拍照用的，我吃的主要是边角料啊。"

哈哈！我差点儿笑出声。

是啊，谁知道那些让我艳羡不已的家居美图的镜头之外，又有多少看不到的"边角料"呢？

对一个家而言，那些"边角料"就是我们的锅碗瓢盆、洗面奶、洗洁精、清洁剂、毛巾、牙刷、卫生纸、剪刀、证件、指甲刀、照片、电池、瓶起子、口罩、手电筒、胶水、充电器、空调遥控器、插座转换头、茶叶、手套、纸质照片、螺丝刀、驱蚊液、外伤药……当然，还有把臭袜子扔在地上的老公、满屋子播撒玩具的孩子、连破掉的塑料袋都舍不得扔的老人。

为了"好看"，这一切都是不能入镜的。

然而，我们可以把它们赶出镜头，却不能把它们从家里赶出去；我们可以让孩子先把玩具藏起来，但不能拒绝他在家里玩耍；我们可以把锅碗瓢盆、塑料袋通通塞进柜子里，但不能把冒着热气的生活关进一个盒子里……

摆好布景，按下快门，得到一张完美定格的图片之后，我还是要把这些"边角料"通通请回来，因为生活还要继续。

我这才明白，有些事情并不是做不到，只是包容了我所有的生活琐碎的这个家，比那张图片来得更加真实。

日本建筑家铃木信弘曾经说过："改变设计住宅的观念，其实就是要重新认识'人的活动'对住宅的影响。"

他在二十几岁刚刚开始给客户设计住宅的时候，常常捧着一堆自以为很像样的、在空间造型和建筑美学上都力求完美的设计图纸交给客户。结果被对方家庭主妇的一句"你做过饭吗？我在哪里晾衣服？"就给怼了回来。

看玩具收拾得对不对，放进去一个孩子才能知道。

看一个家收纳做得好不好，让活生生的人在里面住上几天才能知道。

如果我不能接受这种真实，自己那些看似很美的关于生活的构想，就永远都不会从现实的土地里发芽。

是啊，谁知道那些让我艳羡不已的家居美图的镜头之外，又有多少看不到的"边角料"呢？

04 家，没有标准答案

这个房子装修完了之后，我们隔了整整七个月才住进去，在那七个月里，朋友们总是在问我："新房子是不是可以搬进去啦？"我都说："不行呢，还没准备好。"朋友们都很纳闷："不是早就装修好了吗，还在准备什么？"

还记得许多年前第一次搬新家，装修完晾了晾，我们就拖着大包小包住进去了，很简单啊。而这一次，装修完后几个月，我居然还觉得"没准备好"。那几个月我究竟都干了些什么？我想了想，大约是在忙这些事情：画图、量尺寸、逛家居卖场、逛网店、整理衣物、清点书籍、改方案……有的时候，甚至只是开车跑来空空如也的新房子里，坐在客厅对着一整面墙发呆，脑子里却在飞速运转：这里该放些什么东西？那里该选个什么样的盒子？层板的高度是不是合适？怎么摆放拿起来会更方便？

如果说，家是一棵树，那么结构和硬装就像它的树干，我们的那些五花八门的物品就像是这棵树上的树叶。仅仅是装饰一些花朵，看起来是把它变成了最漂亮最可爱的那个，但这种漂亮其实是无根无基、摇摇欲坠的。

而我花了七个多月做的那些事，就是为它画上丰满的枝条，让每一片叶子都能找到恰到好处的容身之所。树枝的比例得当，结构合理，上面的树叶不多不少，不偏不倚，家的姿态才能更加稳定从容。然后，才是要不要装饰几朵花来臭美的事。

收纳，就是"家"这棵大树的树枝。

为了给自己的家画上"树枝"，我做了这三件事情：

第一件事：规划空间

衣柜可以分成几个区域？厨房台面多大？玄关柜容量多大？洗手间哪些地方潮湿，哪些地方干燥？杂物柜哪些地方好用，哪些地方不好用？这些都是我们房屋既定的结构，是我们的树干。如果在装修之前就能从树干上解决一些问题，我们画起树枝来会更加轻松；如果树已长成，大的格局已经定下来，无法再进行改动，那就要思考如何在现有条件下充分利用这些空间。

第二件事：整理物品

我曾经认为，搬家之前随便把东西塞到箱子里，等搬到新家自然就会收拾整齐了。后来才发现，这跟我总是骗自己说"等吃完这顿再开始减肥"一样，都是自欺欺人。如果都不知道自己有多少东西，有些什么东西，怎么可能做到让所有的物品都居有定所呢？如果你在旧的房子里没有做过这件事情，即使换了一个新房子，最后的结果又会有什么不同呢？整理物品可以帮助我们知道自己家里东西的数量、类别、特点，筛选掉不需要的那些，然后再去考虑如何收纳它们。

第三件事：思考理想的生活

我在为客户做咨询的时候，常常听到的一句话是："这个地方空着，做个什么样的柜子好呢？"这个问题其实没有办法回答，因为我并不了解，你需要这个柜子来放什么，以及你想要怎么用它。

你的日常的生活动线是什么？如何减少自己每天的家务劳动工作量？怎么让你的家人生活得更加简单舒适？一个怎样的家才能足够讨你的欢心？……这些才是解决一

个家的收纳问题的核心。

从空间出发，也就是发现"这地方空着"，只是收纳的最初级。

从物品出发，开始观察"我有些什么东西要收纳"，你就前进了一大步。

而真正的终极收纳，应该是思考"我想要什么样的生活"。

因此，上面的这三件事，其实是要倒过来做的！

先思考自己的理想生活，你希望自己每天在家里的什么地方，做些什么事情呢？什么样的生活状态，会让你感到舒服呢？

然后再思考相关的物品，你拥有一些什么样的东西？在某个地方做某件事情，要用到些什么东西？哪些东西是能带给你愉快体验的，哪些东西又是让你感到烦恼的呢？

最后才是利用房间既有的空间格局，用上各种工具和技巧，来存放好这些东西。

这时候，你的大树就完成了！

正是这样的大树，把这个仅仅是有电、有水、有家具的房子，变成了一个能够包容生活之种种的家。在这里，那些同生活息息相关的"边角料"都能被妥善安置，你苦苦追求的"美"也不再是虚无缥缈的空中楼阁。

一百多年前奥地利有个建筑大师叫阿道夫·路斯，他说："不是遵照建筑师的建议把家里弄得整齐划一，而是随心所欲地规划自己的家，让家居布置得'像自己'。"

世界上没有两棵完全相同的树，世界上也不应该有两个完全一样的家。每一个家都应该是独一无二的，只为住在这个房子里的每个人服务的。我们把家给整理好，不是为了扔东西而扔东西，也不是为了整齐而整齐，更不是为了把生活过成日复一日单调乏味的修行，而是为了给那些真正有用的、能带给我们快乐的东西腾出空间。

"一年没用的东西就可以扔掉""抽屉只能放到八成满""买这个万能的收纳盒""别人家的厨房都是这么设计的""衣柜一定要有门"……类似这样的标准答案,无趣得很,也没什么意义。关于"理想的家",我们每个人都有自己的答案。

大到决定要不要买一个房子,小到决定一支笔、一双袜子的容身之处,都要带着对理想生活的思考去做——让你的"房子"成为像你自己的那个"家",这就是收纳的意义所在。

在极简主义的风潮下,很多人都在尝试尽最大可能去减少物品,甚至让家里看起来就像"什么都没有"一般。但对于我来说,这样的生活并不是我想要的,对于一个有孩子的家来说,这样的要求也是不切实际的。我渴望整洁,但我不需要空无一物的房间,也不需要和办公室没有什么区别的家,我并不向往这样的生活。

我是个对新鲜事物充满好奇的人,喜欢热闹,又比较懒散,不喜欢把家里的东西扔个精光,也不喜欢把东西都藏起来。对我而言,伸手可及之处都是常常需要用到的物品,视线可及之处都是令人心动的好看的东西,这样的家,才像"我自己"。

因此,你将看到的这个整理师的家,也许并不会像你想象中那么的整齐划一,风格华丽,它可能更是像一间热热闹闹的"杂货铺"一般的存在。在这里你会看到,烟火气与秩序感的和谐共处,并非不可能实现。

如何在"杂货铺"般充满了生活气息的家里打造出井井有条的秩序?这就是接下来我想要和你分享的事情。

第二章 **"杂货铺系"
整理师的家**

66 我要烟火气,
也要秩序感 99

01 格局：带着"理想的家"去寻找

第一次见到这个房子是在一个下雨天，我撑着伞，跟着房屋中介一路穿过破旧老小区狭窄小路，从一个角落里的昏暗楼道上了楼。

看到它的第一眼，感觉很不好。

打开大门，居然正对着敞开的洗手间，水管在滴滴答答地漏水，瓷砖破了好几块，角落里的台盆也发了霉。房间里拼凑着款式和颜色各不相同的家具，应该是从很久以前就一点一点积累下来的，有些柜子边角都已经破损了。餐桌上堆满了水杯、零食、各种瓶瓶罐罐，没剩下一点儿空隙，应该不是日常吃饭的场所。地面上堆满了还没有拆开的纸箱、杂物、甚至还有用过了的纸巾，几乎无处下脚。阳台上，一堆无法分辨的东西把窗户挡住了大半，加上阴雨天本来就不充足的光线，屋子里不得不点起了灯。

庆幸的是，我并没有被它当时那个样子吓得落荒而逃，而是告诉自己说，不要看表面那些可以被移走的东西，要看房子的"骨相"。

四方对称的格局，大大的客厅，两个卧室面积相当，各功能区独立，楼层比较高，光线视野很好，最关键的是，有我最爱的大落地窗。在一个 20 世纪建造的破旧老小区里，这一切都可遇而不可求。

就是你了！

只要有了"好骨相"这个前提，接下来，如何把这个看似残破不堪的房子变成我们理想的家，就看我们自己的了。

"理想的家"之：大部分时间一家人相互陪伴

这个房子只有不到 80 平方米，实际的使用面积大概只有 60 平方米多一点点，即使只住我们一家三口，也不算充裕。哪些空间是重要的？哪些空间是不那么重要的？对我们来说，这个答案是非常肯定的：重要的是一个能够和孩子共度亲子时光的公共空间，不重要的是睡觉用的私密空间。所以在选择房子的时候，那些客厅特别小的户型就被直接放弃了。最后买下的这个房子，客厅是当之无愧的主角。

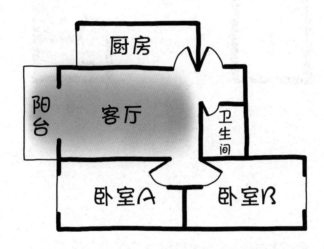

客厅是当之无愧的主角。

"理想的家"之：洗手间不用"抢"

曾经一家五口住在只有一个洗手间的房子里，早晨每个人都着急出门，却不得不排队等着洗脸、刷牙、上厕所，真的是万分苦恼。现在换到了更小的房子，虽然只有一家三口，我们也希望能尽量在这些事情上互不影响。即使无法拥有两个洗手间，也无法实现三分离（洗澡、如厕、洗脸分开），我们还是毫不犹豫地把频率相对较高的洗脸和上厕所这两件事情从格局上就分开了。

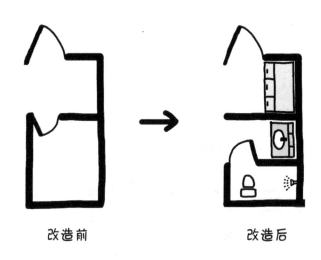

改造前 → 改造后

洗手间的改造

"理想的家"之：做饭不能是一件孤单的事

以前住过的房子，都是关起门来做饭的厨房。每次轮到我在里面做饭，听到客厅里的欢声笑语，都会觉得自己既辛苦又寂寞。想要大家来帮忙，又不可能把所有人都拉到厨房里来。所以，当我们这次又遇到这样的厨房，第一个想法就是把墙拆掉！做饭的时候，大家可以一起帮忙，哪怕只是陪着聊聊天。对于时不时要自己在家带孩子的妈妈来说，还能一边做饭一边照看在客厅玩耍的宝宝。

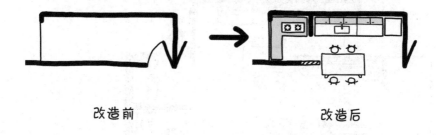

改造前   改造后

厨房的改造

"理想的家"之：我要一个衣帽间

　　一个独立的、步入式的衣帽间，大约是每个女生的梦想，我也不例外。你也许认为它只能是属于豪宅，但在这个不到 14 平方米的卧室里，一样可以让梦想照进现实。两个卧室面积对等，原本各有一个背靠背的壁橱，这个壁橱的容量对于我和先生的物品来说是远远不够的，但对于孩子来说又绰绰有余。只要把墙壁挪动，两个壁橱合并，一个独立的衣帽间就被创造出来了。

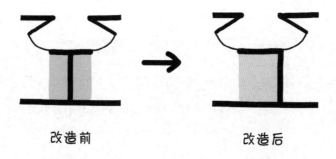

改造前   改造后

衣帽间的改造

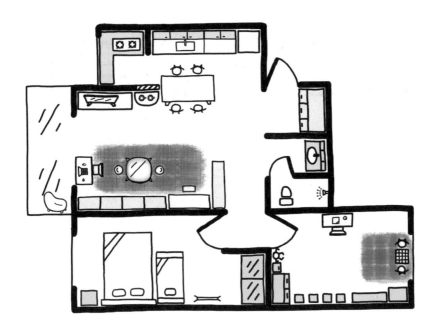

我的家现在的样子

　　有意思的是，上面这些改造的想法，在我第一次看到这个房子的那一瞬间，就从脑子里冒了出来。当我看到那个昏暗的、被各种杂物和老旧家具堆满的房子时，眼前就仿佛已看到了它现在的样子。我想，也许那个关于"家的理想"的种子，早就已深深地埋在我的心底，只等待一个合适的房子、一个恰当的时机，它就会生根发芽。

　　我现在依然感到欣慰，当时做出买下它的决定，对我们来说是多么幸运的一件事。我们给了自己一个可能性，去拨开迷雾，找到了这间屋子本来该有的模样。

02 玄关：要实力也要颜值

在装修过程中，我和我们的室内设计师之间，有过不少的争论。当室内设计师遇到了规划整理师，还真是碰撞出了不小的火花。

玄关首当其冲。

玄关要放那些我们日常进出门的物品，也是我们的家呈现给别人的第一印象。因此，它不但要有收纳的实力，还要有好看的样子。

房子一进门左手边，有一个深70厘米、宽120多厘米的空间，简直就是一个量身定制的天然玄关。设计师看到它，立刻就两眼放光地说："在这里做个大柜子，安上推拉门，好看、完美。"

听起来确实很有道理，事实上前一户人家就是这么做的。他们在这里用两扇巨大的推拉门关起了一个大柜子。只是等我来看房的时候，看到的却是因为轮子坏掉而一直敞开着的柜门，里面堆满了杂物，以及一台洗衣机，连接在从洗手间扯出的水管上。

我摇摇头说："大柜子行，但推拉门不行。"

他很不解："把衣服鞋子都关进柜子里，多好看呀！"

我们不妨先把"多好看呀"放在一边,想一想"把衣服鞋子都关进柜子里"这个听起来很简单的事情，实际操作起来总共需要几步吧！

第一步，打开推拉门；第二步，把衣架从挂杆上取下来；第三步，把衣服挂到衣架上；第四步，把衣架挂回挂杆上；第五步，关上推拉门。

这五个步骤发生在我们每天回家之后那个时刻，那个要么饿得不行想要立刻坐到饭桌前，要么累得不行想要立刻躺到床上去的时刻。在这个时候还要求自己或者家人先去完成这一系列的动作，是多么不近人情啊！最后的情形肯定是：先随便找个地方放一下吧。

到时候那个曾经以为会很"好看"的玄关，就会沦落成：明明衣柜就在旁边，衣服却堆在了椅背和沙发上，明明鞋柜就在旁边，鞋子却摊了一地……

在我们以前的家里，玄关就有这么一个大柜子，霸占着家里最高效的空间，却因为推拉门太笨重，使用太复杂，变成了堆放闲置杂物的地方。一家老小，从来没有人会往里面挂外套、放鞋子。

事实已经无数次告诉我：生活习惯将会是秒杀一切设计的存在。

对于设计师来说，做完这个好看的柜子，拍下一张"好看"的成果照之后，就可以离开这个房子了，但真正在这里生活的我们，为了维持它的"好看"，却每天都不得不重复那些麻烦的事情。

所以，推拉门的封闭式玄关柜被否决。

虽然在"好看"和"方便"之间，我们选择了"方便"，但这并不意味这个玄关就要丑得自暴自弃。一个 70 多厘米深的空间，如果全部都用"方便"的开放式收纳，看上去会非常杂乱，空间也无法得到充分的利用。能够兼顾"实力"与"颜值"的做法，就是定做一个半开放的收纳柜。

大多数时候这个半开放式玄关柜的柜门都是关上的，在方便的同时，尽可能让它整洁和美观，撑起一个家的"门面"。

1/ 柜子的左侧是比较深的空间，用来收纳行李箱等大件物品，以及雨伞、鞋套等，我作为整理师去上门服务要用的东西也放在这里。

高处的空间放的是去郊游的帐篷、地垫等，还有暂时淘汰下来等待流通出去的衣服等，它们都是"不需要请进家"的东西。

右侧的空间里外一分为二，两扇平开门关上后就是日常悬挂外套的区域，打开里面用层板存放了全家非当季的鞋子。

2/ 最下方是四个开放的格子间，用来收纳我们日常的鞋子。一个用来放公共拖鞋，剩下三个分别属于我们一家三口。

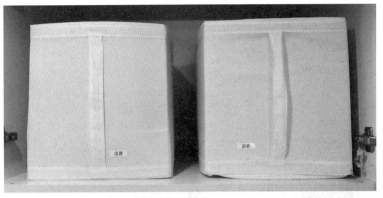

1/ 用在高处的收纳工具就要选择轻便一些、方便拿取的，
我用的是无纺布带把手的储物盒。

2/ 先把完整的、大的空间分配给一大一小两个行李箱。
行李箱本身也是收纳工具，里面放的也是出远门用的

大背包等。

3/ 小空间留给了小件杂物，用两个很深很窄的抽屉来利
用空间，存放鞋具和雨具。

4

4/ 鞋子的收纳，最简单方便的方法就是直接让它们排好队，"站"在层板上。调节层板的高度，把差不多
高度的鞋子放在同一层，充分利用空间。

1
2
3

1/ 剩下这个位置化"深"为
   "长"，无处可去的三脚架
   和瑜伽垫等特别"长"的
   东西，横着放在这里。

2/ 手套、小卡包、纸巾、门
   卡等每日可能用到的小物
   品，用一个毛毡储物盒直
   接放在外面的鞋凳上。

3/ 钥匙用挂钩挂在门后，一
   进门就可以归位，出门前
   拿走，再也不用满屋子找
   钥匙了。

4

4/ 关上门之后，玄关柜的日常状态。

玄关的首要任务，就是收纳那些"只会在出门的时候使用"的物品。比如我们的鞋子、外套、雨伞、帐篷、行李箱等，让它们尽可能地少占用家庭内部区域的空间，也可以让我们在出门需要带上它们时，随时都可以拿到，更加方便。

　　如果你家的玄关没有地方做一个大柜子怎么办？如果你的鞋子太多怎么办？如果你的行李箱太大玄关放不下怎么办？那就从这些东西当中先筛选出体积更小、使用频率更高的物品吧。先满足日常每天都要用到的鞋、外套、包包、钥匙等，剩下的非当季的鞋子、行李箱、帐篷、运动器材等，就转移到家里其他容量更大的储物空间去。

　　在玄关柜的门后，挂了一把小刀，每次收到快递或者从商场超市购物回来，所有的纸箱和包装都会在这里就被拆掉，只留下有用的那件东西本身。拆下来的包装会直接放到门外，下次出门的时候就丢到楼下垃圾箱去。

　　除了这把看得见的小刀，我还有一把看不见的"剪刀"。每当我进入家门，都会提醒自己，在玄关就用这把看不见的"剪刀"剪掉那些从外面带回来的紧张的思考、工

玄关柜门的内侧，挂了一把小刀，
用来拆快递盒。

原本对着的洗手间大门的位置，摆上了一扇实木屏风作为装饰。圣诞节或者新年，我会在这里挂上漂亮的装饰，让家人一进门就能感受到节日的气氛。

作的烦恼、不良的情绪……把那个"外面"的自己，切换成"家里"的自己。

　　玄关，是我们的家和外部世界产生连接的地方，它是一道屏障，把那些没有必要进入家门的一切都阻隔在外，守护着这个家有形的和无形的"边界"。

　　这就是玄关对于一个家的意义。

03 客厅：不！我要的是"家人厅"

北京老城区的房子很多都是几乎没有客厅的。进门之后，就是一个面积极小的餐厅兼客厅的空间，同时也作为过道，连接左右各一个卧室。为了弥补不足，其中一间卧室的面积往往会比较大。于是很多人家就只能让卧室来兼顾客厅的功能，在床的旁边摆上沙发和电视，在同一个房间里休息、待客、进行日常活动，界限感和私密感荡然无存。

选房子的时候，我和先生在老城区看遍了各种户型，揣着口袋里有限的首付款，心里想的一直都是：这笔钱的大部分，一定要花在客厅啊……最后，我们终于找了现在这个家，17平方米的客厅，方方正正地端坐在整个屋子的正中央。

客厅有了，我们该怎么用好它呢？

传统客厅的布局：电视、沙发、茶几

超大沙发、超大电视、射灯背景墙、电视柜，再来个大茶几……如果不假思索地回答，大概应该就是这样的"标配"吧！

但仔细想想，这些东西构造的一个主要生活场景是什么？没错，大家排排坐，一起看电视。

于是脑袋里的小人儿使劲摇起了头：不，不……这不是我期待中的生活。

客厅，顾名思义是招待客人的空间。但事实上，我们一年当中也没有多少天是在家里招待客人的。围绕着一年都发生不了几次的事情，去设计一个家中面积最大、最核心的区域，那也未免太舍本逐末了。

这个宝贵的区域，一定要围绕着真正每天生活在其中的家人来规划。

一家三口在这里各自工作、阅读，或是一起做游戏，度过愉快的亲子时光；逢年过节，

在没有沙发和茶几的客厅度过我们的亲子时光。

偶尔闲暇，一同看看电视，但电视绝对不能是客厅的主角和生活的主线；精力旺盛的小朋友，可以在这里不受阻碍地跑、爬、滚、趴，享受安全的自由；客人来了，舒服地围坐在一起聊天、喝茶；家里大部分的公共物品都要在这里收纳妥当，那是我们舒适生活的基石。

首先就是把大沙发、茶几这些完全用不上又碍事的大件家具通通放弃，客厅最完整的一面四米多长的墙壁，除了预留给钢琴的位置，剩下空间全部都给了一个顶天立地的大书柜。其次，在书柜的角落靠近窗户的位置，摆上我的办公桌。

等到了设计书柜的时候，我们犹豫了：究竟是做成直接就可以拿取的开放式柜体，还是安上玻璃门把东西都关在里面？北京是个干燥多风、尘土肆虐的粗犷城市，如果做成开放式，灰尘可能会非常难打理，但是如果装上门，就要预留开门的位置，也就意味着要浪费前面至少40厘米的宝贵空间……

就在我为此纠结的时候，刚搬进新居没有多久的好朋友跟我说，她家有好几个书柜，有的装了门，有的没有，她发现后者的使用频率明显要高得多。

一切你不会真正去使用的收纳都是无用功。

我这才下定了决心，做一个全部开放的书柜，为了更爱阅读的自己和家人，咬咬牙，勤打扫吧。后来入住一段时间才发现，其实常常使用的东西，反倒不那么容易积累灰尘污垢，只需要时不时用掸子轻轻弹掉表面的灰尘就可以，打扫起来非常轻松！

看似规规矩矩的简单书柜，存放了全家的书籍、纪念品、公共杂物……是名副其实的"巨无霸"全能收纳空间。定制书柜的时候，每块隔板的上下都预留了小孔，可以根据物品尺寸的需要调节每一层的高度，甚至是直接拆掉。不仅空间的利用率变得更高了，高低错落的结构，也一改刚安装时横平竖直的死板，看上去更加有趣活泼。

这个柜子究竟该做多深？这个问题也曾困扰了我一阵子。

客厅书柜全景

如果想要配上几个存放小物件的抽屉，那整个柜子深度需要达到35厘米以上，但这个深度对于大多数书籍来说都很尴尬，差不多是放一本太多，放两本不够的样子。如果做成上浅下深，又觉得不美观。思虑再三，最后还是决定做成上下一致的38厘米深，书柜上层摆放完书籍，空出来十几厘米的区域，被定义为"展示区"。

如果你是一个喜欢家里看上去非常整齐划一的人，在书前面预留"展示区"就不合适，它会给你的视线所及之处增添不少混乱感。如果家庭成员比较多，你又对自己的生活习惯没有很好的把握，那就更麻烦了。这个非常好用的空白位置，很可能会堆满各种"随手一放"的杂物，变成一个无法收拾的烂摊子。一个28厘米左右深度、能放下大多数书籍、前面没有什么多余空间的书柜，可能更适合你。

但在我这个只有一家三口、每个成员都已经养成了良好的归位习惯、一开始就是

<table>
<tr><td>1</td><td>2</td></tr>
<tr><td>3</td><td>4</td></tr>
</table>

1/ 为了避免整个书柜都被乐高占领，我和小九约定好，只有最靠近外侧的两个格子是他的"作品展示架"，其他地方不可以放。

2/ 最高处收纳的是纪念品、节庆用品、不常用的杂物、不希望被小朋友拿到的不安全的物品。因为使用频率低，采用统一的带盖储物盒，隔绝灰尘，看起来也更加整洁统一。为了让家里看起来不那么"飘"，我选择了酷酷的黑色盒子，贴上分类标签，需要的时候直接就能锁定要拿哪个，以免搬上搬下做辛苦的无用功。

3/ 中间最方便的位置收纳的是爸爸妈妈的书籍、文件资料、展示类物品。

4/ 文件资料先分小类别装进文件袋中，再按照大类装进统一的文件盒里，贴上标签，竖立收纳在书柜中。

朝着"杂货铺"一样热闹的目标而去的家里，这就是一个很不错的选择。正是摆放在书前面的那些各式各样的展示物品，让家里这个最核心的区域变得充满了独有的个性和温度。

后来发生的事，更加证明了我们这个选择是正确的。

5/ 书柜最靠近书桌的位置，被用来作为我的"办公辅助收纳区"。上面用文件盒收纳和工作有关的资料，下面放本子、笔、做手账用的小东西等，耳机、便笺纸、月历、屏幕清洁剂等再琐碎的小物件，也通通安排了专门的位置。工作的时候，需要的物品一伸手就能拿到，一伸手就能放回，再轻松不过。

6/ 书柜的四个抽屉，收纳常用的工具、文具、药品。小件物品都在使用抽屉分隔进行细致分类，竖立摆放。

7/ 在书桌上办公要用到的插座和充电器都塞进了这个毛毡盒子里，放入最不起眼的角落。充电线直接从里面拉出来，装上带磁力的卡扣，吸在台灯底座上，随时拿取使用。

1/ 书柜的下层主要收纳了孩子的书籍，方便他自己拿取阅读。剩下的空间，用无盖的藤编收纳盒存放棋牌、桌布、针线盒、备用的纸巾等公共生活杂物。

2/ 小九上幼儿园之后，书柜也给他分配了专门的"文件收纳区"，用来存储他画画用的纸和本、幼儿园的资料、积木图纸、纸质手工作品等，分门别类装在带把手的收纳盒里，贴上标签，

他自己就可以拿取。

3/ 书柜的装饰物有先生早年在工作项目上得到的重要奖牌、我作为整理师参观宜家公司时带回的纪念品、和闺蜜去柬埔寨旅行时给孩子带回来的小象玩具、在浅草寺抽到的大吉签文……每一样都是我们精心挑选出来的，具有非凡意义的物品。摆放不超过三分满，以免出现堆砌拥挤之感。

4

4/ 书桌摆在书柜一侧靠近阳台的位置。

小九（我儿子）玩乐高积木的方式都是即兴创作，常常拼出来一些小作品，一时半会儿不想拆掉，希望摆在那里展示一阵子。书柜上预留的这十几厘米的展示区，也成了他的"作品展示区"，拼好的乐高作品都会先放在这里，供大家欣赏。

　　书柜角落靠近窗户的一侧是我最亲密无间的小伙伴——书桌。

　　从公司辞职成为一名专职的整理咨询师之后，我在家里大多数时间都是坐在这张书桌前度过的。为了能够自在而专心地工作，桌上只有台灯、电脑、蓝牙音箱和一瓶鲜花。

　　书桌正朝向三面大窗环绕的阳台，写文章到文思枯竭时，抬头一看就是窗台上的绿植和阳光，灵感随之而来。对于一个像我这样"不舒服就不想工作"的人来说，这里简直就是我能坚持工作的动力源泉。

　　另一侧的电视柜是家里的"影音区"。电视机、机顶盒、打印机、游戏机、云存储

收纳了大部分电子产品的电视柜

1 2

1/ 抽屉里收纳的也是其他和"电子"有关的物品：相机、摄像机、转换插头、数据线、其他各种小电子产品和工具等。把材质相同的物品放在一起，不但我们找起来方便，它们彼此之间也臭味相投聊得来。物品的心情好

了，就没那么容易坏掉呢！

2/ 第一眼看到这个别致的设计，我们就决定把它买回家了。作为最方便拿取的空间，游戏光碟和常用的遥控器放在这里。

等多媒体设备在这里集合。我们挑选了一台尺寸最小的液晶电视机，让它 45 度角倾斜摆放在角落里。"你不是主角，请靠边站吧。"

如果说有什么地方难倒了我，非电视柜最左侧的推门位置莫属。我心里很清楚，这里是非常方便使用的位置，不可轻易浪费，但同时又头疼柜体的格局，里面没有任何分隔，大件放不进去，小件不好管理，想了很久都不知道拿来放什么东西好。

直到把家里的收纳规划全部搞定，我才发现自己的包包们还没有去处。按道理来讲，包应该是放在玄关或者衣帽间这样的位置。虽然我只有大大小小七八个包，但不到两平方米的衣帽间和非常狭小的玄关依然放不下它们。

我突然发现，电视柜这个地方还空着，又宽又直又方便拿，简直就是为包包们量身定做的。如果你哪天听说有一个用电视柜收纳包包的奇葩整理师，那一定是在下了。

在"一切刚刚好"面前，还讲什么道理？我的家，我就是道理。

就这样，书柜、书桌、电视柜分别守护在客厅的三面，各自肩负起了收纳的责任，

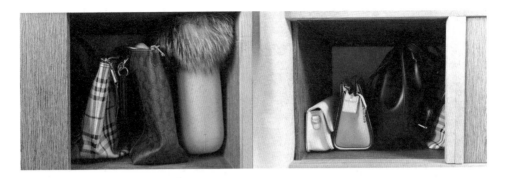

尴尬的收纳空间变成了收纳包包的最佳位置。

或使用的功能，把中间这一大片空白的区域留给了我们仨。

且慢！似乎还剩一个方向是没有被"守护"的呢？

曾经在德国设计过华德福学校的建筑师岩桥亚希菜，对有孩子的家庭提出过这样的建议："室内空间稍微狭小一点，就可以跟妈妈温暖的怀抱一样，使人心情平静。但完全隔离的空间会让人有孤单的感觉，所以不能完全隔开，可以悬挂纱帐，设置屏风，或者利用低矮的家具来创造出狭小的空间感。"

我也想要为现在这个家庭核心区制造出有边界的"空间感"，更何况现在剩下的这个没有被挡住的方向，还直接正对着洗手间。

于是我们像这位日本建筑师建议的一样，在这里增加了一个不到一米高的隔断置物架，通透但又有区分空间的效果。

这个每天进进出出的位置，也是收纳常用小零碎物品的绝佳地点。现在回头想想，如果没有它的存在，大概旁边的钢琴就会变成一个巨大的"杂物架"了吧！

1/ 在客厅和洗手间之间增加了一个置物架作为隔断。

2/ 隔断柜将客厅核心区变成了"被包围"的空间。

　　加上隔断柜之后，客厅中间的空白区域，瞬间就变成了一个"猪圈"般的、让人感到无比安心的空间。

1/ 健腹轮和小哑铃放在这里，提醒我们时不时可以拿起来锻炼一下身体。

2/ 日常用到的指甲刀、粘毛器、眼药水、擦镜纸、甲醛仪、调音器等，收纳在开放的储物筐里，想用的时候立刻就能拿到。

3/ 这个位置因为离洗脸池很近，所以护手霜、

发带、美容仪等也一并收纳在这里。柜体比较低矮，孩子的润肤霜也没有放在洗手池的柜子上，而是放在这里，方便他洗完脸自己使用。

4/ 使用频率相对较低的足贴、口罩、各种挂钩和小零碎放在带盖的纸质收纳盒里，贴上标签。

5　6
7

5/ 用奶粉罐改造的储物罐，收纳了电池和备用的擦镜纸。因为看起来很漂亮，放在这里也有装饰的作用。

6/ 隔断最角落摆放了一棵迷你橡皮树，透过它可以一窥客厅的风景。

7/ 日常带回来的生活单据、卡片、发票等分类放进三层亚克力收纳盒，定期整理后收纳到书柜里或者销毁。上面的收纳筐用来随手放一些发圈、手表等小件物品。

　　也许你早就发现，孩子从来不会像我们一样，正襟危坐地待在沙发或者椅子上，他们喜欢趴在地上玩耍，或者爬来爬去，即使是冰凉的地砖也无法阻止他们对地面的热爱。对孩子来说，爬到椅子或者沙发上不但麻烦、不自由，而且也缺少了一种"接地气"的踏实感。

　　既然小九是这个家庭重要的一员，我们就按照这个小人儿的需求来设计这个"猪圈"好了：没有大沙发、大茶几、高椅子，铺上地毯，摆上一个矮矮的圆几，放一把可以靠背的折叠沙发椅，再加上几个蒲团。平时小朋友在这里或趴在地上搭积木，玩小汽车，

接近地面的活动空间，对孩子来说更加舒适安全。

或坐在矮几上画画做手工，客人来了围坐聊天，放一些水果零食，不能更惬意。

买来这个长条形花纹的地毯本是我的无心之举，没想到在想象力丰富的小九眼里，它变成了小汽车的赛道，玩得不亦乐乎。我一直希望这个家能够尽可能兼顾实用和趣味，成为孩子真正的乐园，没想到他自己开发出了地毯的游戏功能，简直是意外的惊喜。

如果你觉得这样的客厅很不错，千万别忘了，这是一个有特殊前提的、很像"我自己"的客厅。

地毯的条纹变成了汽车赛道。

这个家里只住着我们一家三口，而且孩子也才三四岁的年纪。如果你的家里还有老人，或者孩子已经长大，那么席地而坐的方式对他们来说就非常不友好。再者，因为有了把客厅餐区连通这个前提，家里即使来了不方便坐在地上的客人，也可以转移到旁边的餐桌位置，坐在餐椅上，跟客厅里的其他人也可以实现毫无障碍的交流。否则，强迫所有的客人都必须坐在地上，也是很没有人情味的呢。

在一个家里，让自己舒服是最重要的事，但别忘了，这个"自己"指的是生活在这里的每一个人。

让一个家变得像自己是我们的目标，但也别忘了，这个"自己"不但包括了你喜爱的一切，也包括了你必须承担的责任。

就这样，这个所谓"客厅"，变成了容纳了我们一家三口的各种琐碎日常，让我们可以在其中度过每天大部分醒着的时光，又可以和客人们一起分享的"家人厅"。

墙上的画，是我最爱的电影《天使爱美丽》当中，女主角床头挂的那两幅 Michael Sowa 的作品。最美好的日子就是和喜欢的一切待在一起。

04 阳台：在阳光面前其他都请靠边站

在家的版图上，阳台是属于"边疆"的一部分。这个"边疆"可不容小觑，它往往要身兼数职：晾晒处、清洁工具存放处、花草养植区，有时候还要收纳一些屋子里放不下的大件物品，比如婴儿车、自行车、行李箱、帐篷、折叠椅……

如果有两个以上的阳台就可以大展一番拳脚了，把这些事情分开，不那么好看的清洁工具和杂物收纳在一处，需要阳光的晾晒衣物、花花草草等则安排在另一处，互不影响。

然而现在摆在我们面前的这个房子，有且仅有一个阳台。

它和客厅相连，正朝西，被三面大大的窗户环绕着，楼下就是这个"老破小"小区唯一的花园，先天条件可以打个 80 分。大约是为了隔音和保暖的缘故，上一户人家在阳台和客厅之间做了一扇推拉门。但我更希望它能和客厅无缝衔接，延伸家庭的公共区域，所以第一件事就是把那扇门给拆掉了。

按照脑海里第一时间浮现出来的画面，这个阳台大概会长这样：中间的屋顶上安装一个大大的升降挂衣杆，左边或者右边再堆些日常不用的杂物。

还记得我们的室内设计师看到这个阳台时，也是立刻两眼放光地说："两侧分别做一个柜子，至少也要在一边做一个，可以放好多东西呢！"但是，我犹豫了：除了晾晒衣物、存放清洁工具，我是不是忘了什么更重要的事呢？

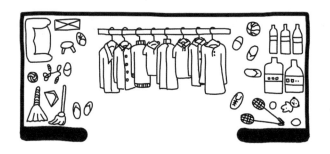

挂满了衣服、堆满了杂物的阳台

阳台之所以被叫作"阳"台，是因为它是那个会给家带来阳光的存在啊。好不容易在一个老城区的房子里"捡到"这个三面通透、270度视野的阳台，每一寸玻璃就是一寸光明，帮我们消灭家里的灰暗和阴霾。如此珍贵的空间，为什么要让给像山一样密不透风的柜子和一些不知所云的杂物呢？

在决定究竟该怎样规划这个阳台之前，我问了自己一个问题：从客厅望出去，你希望看到什么？

回想起以前的居住体验，大部分时候从客厅望向阳台，看到的都是一大堆晾晒的衣物，光线长期被遮挡。屋子里就算拥有再多的整洁和美感，都会在望出去的那一刹那间幻灭。这一次，一定要改变。把中间的位置空出来，留给阳光和绿植，其他的

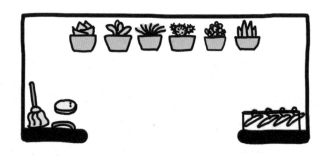

清洁物品收纳区和晾晒区安排在阳台两侧，中间位置摆放绿植。

上层挂杆晾晒成人的衣服。

尽量精简，通通靠边站。

晾晒的功能还是要兼顾的，但我对晾晒衣服的 Y 字形撑杆一直深恶痛绝，每次都要费九牛二虎之力才能正好卡住衣架两端，无论是取下来还是挂上去都特别吃力。自动升降的晾衣杆，又得每天操作它的升降，也很容易损坏。我想要的是一个直接就能把衣服挂上去的晾衣区。

阳台一侧的晾晒区只有一米宽，上下各安装一根晾衣杆，上面挂大人的衣物，下面挂孩子的衣服。每次直接用手就能挂上和取下，曾经让我最痛恨的晾晒活动，顿时变得无比轻松。

下面衣杆的高度对小九来说也很友好，他已经可以学着晾晒自己的小衣服了，我这个"懒妈妈"又省了一些力气。

这个晾衣区容量很小，但对于我们一家三口的日常需求来说已经足够。遇到衣服比较多的时候，就增加洗衣服的频率。遇到需要晾晒床单的时候，就一件一件来，我还曾突发奇想把它们直接挂在窗帘杆上，不但干得更快，对北方干燥的屋子还能起到

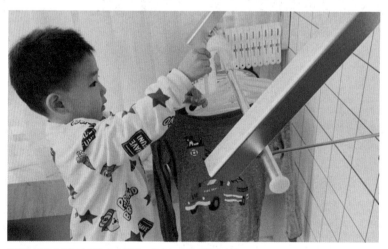

下层挂杆高度根据小朋友身高设计，他自己也能学着晾晒衣服。

阳台一侧的清洁物品收纳区

加湿的作用，一举两得。

为了想要的舒服，这一切小麻烦我都心甘情愿地收下了。

阳台的另一侧是清洁物品收纳区。

扫把、拖把、吸尘器……这些家政工具是否要放进柜子里？这个问题，就像咸豆花和甜豆花哪个更美味一样，一直被争论，但没有正确答案。你觉得放在外面容易落灰，看上去也很丑，就可以把它藏到柜子里；你觉得它潮湿、不干净，放进柜子反而容易滋生细菌，就把它挂在外面。

对我来说，甜豆花更好吃一点儿，拖把挂在外面更方便卫生一些。

因此，即使看起来会有些乱，我还是选择了开放式的收纳，这样就可以请太阳帮忙给它们杀菌消毒了。用拖把夹钩、长挂钩、粘钩，再配合收纳桶，把所有的清扫工具都挂上了墙。它们被安排在了阳台的侧面，日常视线看不到的地方，所以这种"乱"

1 2 3

1/ 预留了插座，扫地机器人、吸尘器、熨斗都可以直接在这里充电。

2/ 拖把、扫把、掸子用挂钩挂在墙上。

3/ 抹布挂在毛巾杆上。

阳台中央最舒服的位置摆放单人沙发。

大多数时候都不会对我们产生什么影响。

　　安顿好了晾晒和存放清洁工具这两大生活需求，阳台就剩下了正中央这一块最宝贵的位置了。我特地交代安装窗户的厂家在中间保留一整块未经分割的大玻璃，下面放上木花盆，种上十几棵绿植，再在旁边摆上单人沙发……曾经那个几乎被主人弃置的阳台，如今成了这个家里最舒服的地方。如果你来我家做客，记得一定要先去"抢"这个位置哦！

　　阳台，是关在钢筋水泥森林里的我们和外界唯一的交流场所。需要阳光和空气的，除了衣物、拖把、杂物，还有我们自己。

从家里望向阳台，视线毫无遮挡，只有阳光照在一排绿植上。

05 洗手间：一切努力都是为了便于清洁

当初跟着房屋中介来看这个房子的时候，一进门看到的就是狭小昏暗的洗手间，瓷砖斑驳，气味难闻，水管滴滴答答漏着水……这一切竟然是作为这个家的"第一印象"扑面而来的！

当时我差点儿就打算转身走了。想想吧：每天早晨起来，在脏兮兮的洗手间洗脸刷牙，如何精神抖擞地出门？每天晚上回到家，在昏黄漏水的洗手间洗个澡，如何轻松舒爽地入睡？

洗手间总是家里面积最小的地方，但你很难想象没有了它的生活是什么样子，也很难在一个洗手间不好用的屋子里获得什么特别美好的居住体验。

很多人会对洗手间进行分隔，比如用玻璃浴房或者浴帘来遮挡淋浴区，保护其他的区域不受水汽影响。但是这只能叫作"分隔"。对于好几个人共享的家庭空间，比这种简单的"分隔"更有意义的是"分离"：除了隔绝水汽，还要创造出独立的功能区域来，洗手的和洗澡的互不影响，刷牙的和如厕的同时进行……这一点，是仅仅挂上一个浴帘无法做到的。

这个洗手间只有不到 4 平方米大小，我们没有办法实现彻底的洗、厕、浴三分离，但依然努力在方寸之间找到了"公私"分离的方案：将原洗手间的门往里移动大约 80 厘米，里侧为私密区，安装马桶和淋浴，外侧为开放区，安装洗脸池和收纳柜。

在"公"的区域，进行洗手、洗脸、刷牙、化妆等活动。那么与之相应的物品也要尽量收纳在这里，用定制的浴室柜来帮忙。

上方镜柜，兼顾了照镜子和收纳。

没有把所有东西都关进柜子里去，而是预留了露在外面的部分来收纳最常用的东西，这样就不用不停打开柜门拿取了。

和台面无缝契合的台下盆，没有死角，易于清洁。

水槽下的空间收纳清洁剂和清洁工具等。

1/ 洗面奶和梳子放在最好拿的位置，上面是
出门前喷的香水和最常用的面膜，最高处
不那么方便的地方，放的是剃须刀和电动
牙刷的充电器。

2/ 亚克力笔筒横过来放，就变成了小件化妆

品的"格子间"；眼线笔、眼影刷等放在
带分隔的笔筒里；上面是护肤品、粉底、
防晒霜这些瓶瓶罐罐；最高处放了使用频
率低一些的美妆工具等，为了方便拿取，
都装在了收纳盒里。

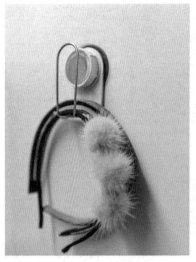

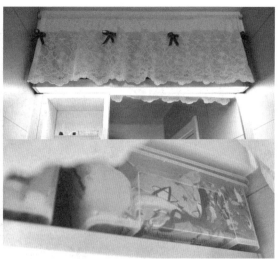

1 2
3
4

1/ 作为一个发卡从 10 岁戴到 30 多岁的女生，必须为它们也找到专门的位子。镜柜门后，小小的挂钩就能解决。

2/ 镜前灯让化妆过程更轻松，我们在镜柜上方装了这个置物架灯，不但可以当光源，还可以当置物架。虽然只有不到 20 厘米的高度，但也不放过！放上两个透明收纳盒，装的是个人护理的备用品以及不常用的泳衣。

3/ 水池下方的储物空间非常充足，用来放所有和洗漱、清洁有关的工具及备用品。

4/ 三个抽屉收纳盒，把大而化之的柜体空间继续分隔，牙膏、香皂、洗面奶、棉签、牙线、化妆棉、抹布、魔术擦、吹风机配件、刮刀配件等都放在这里。东西这么杂，想要整齐，就一定要在内部用上抽屉分隔。

5/ 清洁剂、除霉剂、衣领净等，
一根伸缩棒就通通"扛起来"。

6/ 带滚轮的抽屉用来收纳不能挂
起来的那些东西，虽然柜体很深，
但需要的时候只要直接拉出来就
可以拿到放在里侧的物品。

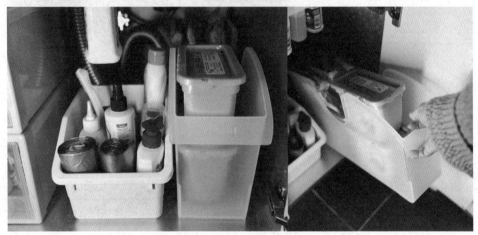

安顿完各种瓶瓶罐罐后，我才突然想到：牙刷牙杯怎么办？

想到了一位整理师好友分享的"去牙杯化"理念：每天重复使用的牙杯，如果得
不到及时清洁，其实很容易长水垢和滋生细菌。不如就用活动的流水来清洁口腔即可，
还能节省空间。正好家里的洗脸池装的是可以拉伸的软管水龙头，完全可行！于是我
小心翼翼地跑去问先生："你觉得不要牙杯，用水直接漱口行得通吗？"没想到人家说：
"我都很多年没用过牙杯了……"

不需要牙杯，直接用流动水漱口。

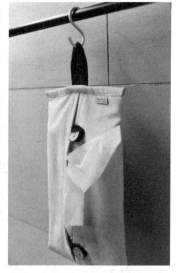

不需要毛巾，用一次性棉柔巾代替。

那就这么干！除了给够不着水龙头的小朋友留了个小牙杯之外，我们俩的牙杯直接放弃。

剩下就是牙刷、牙膏。拿过来我们的电动牙刷，发现镜柜里的任何一个格子都放不进去——它们的个子太高了。只好自己发明创造：买来厨房放调味罐的置物架，在镜柜下方找到不影响水龙头的合适位置，用免钉胶固定在墙上。把日常使用频率最高的牙刷、牙线、棉棒、洗手液、香皂都放在了这里。

扔完牙杯不过瘾，又进行了"去毛巾化"的运动。

长期使用清洁不当的毛巾，很容易滋生螨虫和细菌。洗完脸之后，用一次性的棉柔巾代替毛巾擦干脸上的水，擦完脸的棉柔巾还可以清洁眼线笔、化妆品的瓶子上的残留等，或者直接拿来擦洗手池的台面，然后再扔掉。物尽其用，也不浪费。

小九慢慢开始学习自己洗漱了，因为总是够不着自己的牙刷、牙杯，他会一直喊妈妈帮忙。于是我把他的洗漱工具放在了他自己也能够得着的侧面低矮处，像我这样的"懒妈妈"，挂在嘴边的口号就是：坚决不能让不合理的收纳方式成为孩子学会生活自理的阻碍。

摆上一个脚凳，对孩子来说，这就是一个"无障碍"的空间了。

把能想到的问题都解决掉了，我试着在这里演练了一下自己的洗漱过程，刷牙、洗脸、擦脸、化妆……啊！一个好笑又尴尬的场景出现了：化妆品和护肤品都放在镜柜里，而我化妆的时候需要照镜子，想要照镜子就得关上镜柜的门——所以我只能这样每天"反反复复地开门关门"才能完成化妆这件事吗？不，对于"不舒服"必须零容忍！于是在侧面加装了一个可拉伸的化妆镜，这样就能开着镜柜门，一边拿工具，一边照镜子了。

看到这里，你也许已经发现了洗手间收纳的玄机：所有的东西都尽量不要放在台

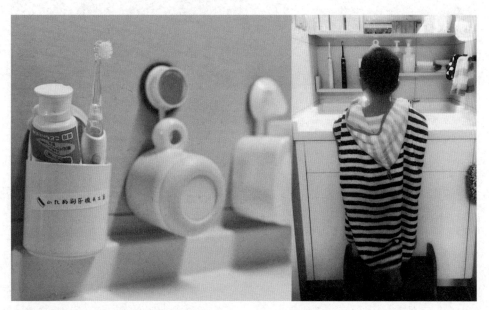

小朋友的牙具收纳在侧面墙壁，他自己就能拿取和归位。

侧面加装了一个伸缩镜，化妆的时候就不用反复开关柜门了。

面上。生活的经验告诉我，洗手池台面上只要放了东西，就常常会被弄湿，清洁台面时候还得小心翼翼地一个一个挪开，久而久之就变成了卫生死角。因此，能挂在墙上的就挂在墙上，即使只是把它们抬高 5 厘米，也要让它们都"离开"台面。这样不论脏了还是湿了，都只需要轻轻一擦，再简单不过！

打开门就是只有一平方米见方的洗手间"私"区，这里的收纳原则只有两条：尽量少，不怕湿。因为空间实在是太小，所有的东西都尽可能选择白色，把"乱"的感觉降到最低。

洗手间收纳最核心的问题就在于——水。什么活动要用到水？什么物品要隔离水？有水的地方如何更容易清洁？解决了这些问题，你的洗手间基本上就不会有什么烦恼了。

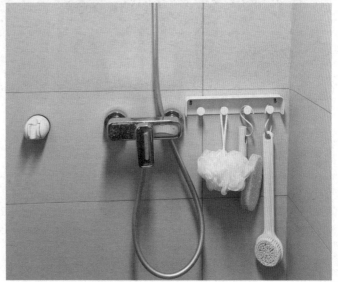

1

2

1/ 剃须刀、洁面仪、吹风
机、化妆镜、擦手布……
都收纳在墙上，台面"空
无一物"。

2/ 洗手间的白色世界

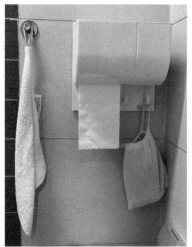

1/ 马桶上方利用管道空间做了一个入墙的收纳空间。

洗浴用品，用白色替换瓶来收纳；润肤露、发膜等，用竹制的收纳盒存放。

用三根伸缩杆配合收纳盒打造的高处储物空间，放的是和洗浴有关的备用品，例如备用的洗发水、沐浴露等。

2/ 多功能纸巾收纳盒：内部分双格，一格是纸巾，另一格是女生们总是忘记带进洗手间的卫生巾，上面的平台可以用来放手机，下面钩子挂上擦马桶的布和垃圾桶用的替换塑料袋。

3/ 脚凳和马桶圈是小朋友如厕的无障碍设施。

脸盆用专门的脸盆挂钩上墙。

4/ 换洗衣物挂在门后挂钩上。

5

5/ 因为管道材质的原因无法拆除暖气管道，这个难看的家伙就这样耀
武扬威地杵在这里。最后终于找到一个大肚子的、可以挖掉底的家
伙，把它给罩住，放上干花，没人知道里面藏着的是什么。

06 餐厨：在这里每个人都抢着做饭

在我的家乡，关于搬家有一种说法：不管你今天搬了点儿什么东西，明天又装了个什么设施，只有从你在房子里开火做饭那一刻开始，才算是真正住进了这个家。

一个家的烟火气，就是我们在厨房里烧煮食物的温度和气味。即使是在离家很远的地方，那一桌饭菜的香气，也能够一瞬间把我们拉回那熟悉的感觉当中。要说家里最热气腾腾的地方，非厨房莫属，但它却也是最难做到井井有条的地方，各种琐碎的大件小件至少也有上百样之多，顿顿要用，餐餐要洗……就算对精通收纳的高手来说，把这一切搞定也是个大工程。

我给自己这个只有6平方米多的小厨房定了一个小目标——让每个人都喜欢在这里做饭：洗切炒炖如行云流水般自如，不需要憋屈地挤在一堆锅碗杂物中难以施展身手；锅里炒着菜需要加点儿调味料，伸手立刻就能拿到；做好的饭菜能方便地转移到就餐区；打开柜子，不会有一堆过了保质期的食物发出奇怪的味道；锅碗瓢盆各就各位，台面水池易于清洁……当然，还有最重要的一点就是，做饭的人在厨房里不会觉得孤单和无聊。

这个听起来简单的小目标，想要实现可一点儿都不简单呢。

厨房的位置在进门之后的右侧，一扇门里面是规规矩矩的一字形空间，灶台在靠近窗户的最里侧——没什么硬伤，但距离"人人都喜欢在这里做饭"的理想还是有差距的。收纳空间不足，操作台面不够，从厨房走到就餐区的路线很长，和客厅之间的交流也被一堵墙完全阻隔，在这里做饭，似乎只能自己一个人默默地劳动。

仔细想想，"做饭"这件事其实并不是一个完全独立的活动，它是和吃饭、喝水、饮茶、切水果、吃零食、交流之类的事情无缝衔接的，是我们生活当中被统称为"饮食"的场景。既然生活本身就不是那么界限分明，那厨房为什么必须是一个关着门的、与其他一切都无关的地方呢？

只需把墙拆掉一半，这个厨房就可以变成餐、厨、水一体的自由空间。

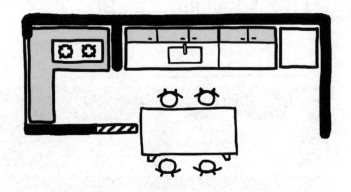

拆除一部分原有的墙，改造为相互连通的餐厨区。

无论什么样的厨房，无论你在厨房里有多复杂的作业和多琐碎的物品，都离不开三件事：清洗、准备、烹饪。按照这三个主题来决定我们的收纳，准错不了。烹饪区油烟较多，上有油烟机，下有灶具，空间也有限，因此，我们把大部分的收纳功能都安排在清洗和准备的区域。

1/ 厨房内部结构一览无遗。

2/ 预留了可以调节层板高度的小
   孔，可以根据实际放置的物品来
   调整需要高度。

放在高处的东西，穿上一层"收
纳盒"，贴上标签，往下拿的时
候就会方便很多。根据使用频率
从下往上依次是：杯子、烘焙工
具、备用的厨房工具和用品。

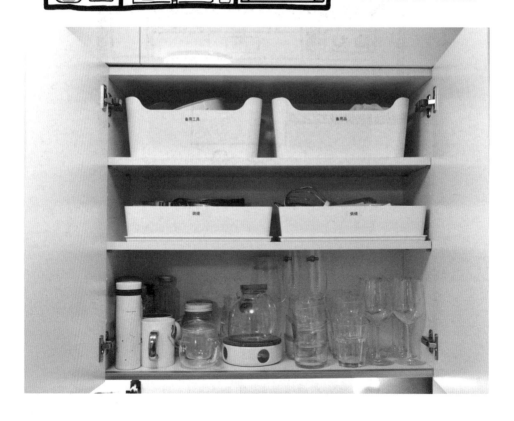

3
4
5

3 /碗盘按照使用频率从下往
上收纳，最高处为收藏或
者客用的碗盘。

4 /直立收纳的碗盘架总是要
小心翼翼地拿取，盘子还
是直接摞起来放更踏实。
但数量就不能太多，如果
一口气堆七八个，下面的
几乎就不会用了。用碗盘
收纳架分层，每层只有
三四个碗，想拿哪个就拿
哪个。

5 /空的保鲜盒和食物储藏罐
放在最旁边的柜子里，盒
子和盖子分开收纳，能够
节省 50% 的空间。

1/ 抽屉本是收纳厨房琐碎物品的利器，但由于空间狭小和水电管道的限制，这个厨房没有办法做抽屉。所有先天的不足，后天都是可以适当补救的。用悬挂收纳篮配合几个 PP 盒，不但可以很好地把备用筷子、勺子等零碎小物品收纳起来，而且还充分利用了橱柜内部多余的高度空间。

2
3

2/ 距离炒菜区最近的地柜放的是锅具。橱柜本身只有两层，但我们的锅没有那么高，就用免钉搁板给它再增加一层，放一些小锅。把锅放在下面，是因为它们比较沉，不适合收纳在腰部以上的位置。

3/ 水槽下方的地柜，因为有下水管道，还要放净水器、垃圾处理器等，剩下的都是不规则的空间。用专门的水槽置物架来创造灵活的收纳：洗菜盆、垃圾袋、备用洗碗棉、清洁剂，以及旁边的洗衣机要用到的洗衣凝珠……这里只能放不怕潮湿的物品。

　　和洗手间一样的是，厨房经常需要清洁。和洗手间不一样的是，厨房需要清洁的除了水，还有油。我们常常觉得厨房难以打理，其实，顽固的水渍和油渍往往都是长时间未清理才会积重难返，只要处理及时，它们并不是多么难以对付。

我们为什么不能做到及时清洁水渍、油渍呢？想想吧，每次想要打扫，是不是都要把那些碗盘、调味罐、刀架、筷子筒一件一件拿起来，挪开，擦干净台面，再一件一件放回来——噢，想想都很辛苦！如果没有这些复杂的步骤，台面上空空如也，清洁本身也并不是多么麻烦的一件事，不是吗？

因此，厨房和洗手池一样，再多的琐碎杂物都不用怕，只有一个目标是重点，那就是台面无物！

台面无物不等于"把所有的东西都藏到柜子里"，对于每天都要反复使用的东西来说，还是要收纳在方便拿取和归位的地方：

洗洁精、锅刷、碗布、刀具菜板、保鲜膜、饭勺……

架、杆、钩、篮……

钉、挂、粘、吸……

十八般武艺都用上，一个不剩，通通都离开了操作台面。

不怕空间小，不怕杂物多，只要台面是空的，做完饭后轻轻一擦就干净，厨房用起来就没有了压力。

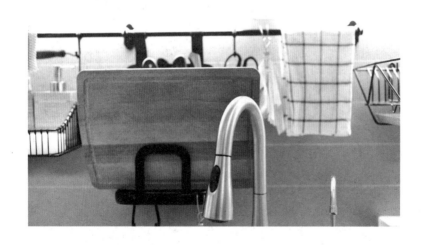

1

1/ 水槽上方挂了需要沥水的菜板刀架。

2　3
4

2/ 洗碗布和洗碗刷直接挂起来。

3/ 清洁剂、肥皂收纳在悬挂的小托盘里，日常吃水果用
　 的菜板和小盘子也挂起来。

4 /碗盘沥水架也挂在墙上。

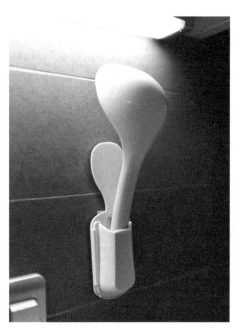

1　2
　3
．．．．．．．．．．．．．
．．．．．．．．．．．．．
．．．．．．．．．．．．．

1/ 饭勺挂在电饭锅旁边。

2/冰箱侧面用吸盘收纳架收纳保鲜膜、保鲜
　袋和厨房纸。

3/ 这个内部是管道，从来不需要打开的柜门
　也被用上，挂上吊篮，收纳封口夹、电子秤、
　刨丝刀、一次性手套、一次性水果叉……这
　些不知道从哪里冒出来的小杂物。

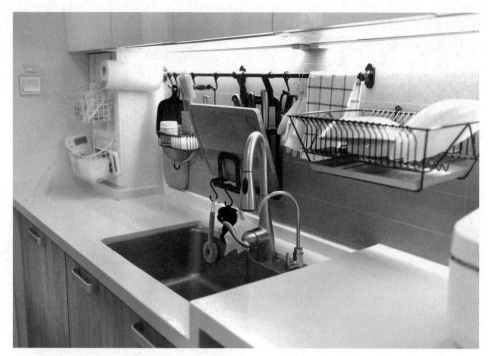

大部分物品都"上墙"后，厨房台面空无一物。

对于经常做中餐的家庭来说，油盐酱醋这些顿顿要用的调料究竟是放在柜子里面还是外面，又是一个堪比"咸豆花和甜豆花"的不解之谜。在"方便"和"整洁"天平的两端，我再次把自己的砝码放在了"方便"这一边。做饭的时候需要"添盐加醋"时，就如同在战场上的士兵等着给枪装上子弹，最好一秒钟都不要等待，立刻拿到。

我又在厨房对着空气演练了一下做饭的过程，发现了一个差点儿被忽视的需求：不论是洗菜、切菜，还是炒菜，我都需要随手放下那些盛了菜的碗或者盘子。如果在清洗、准备、烹饪的区域分别配备一个空的台面，那就再完美不过了。对于我的这个小厨房来说，虽然灶台侧面只有十几厘米的空间，也不能放过它。做成一个带台面的开放式收纳区，下面存储常用的食材，上面就可以摆放盛菜的盘子了。

1 2
3

1/ 铲勺挂在灶台的一侧，随时拿取。

2/油盐酱醋用统一的容器来装，看上去更整
   洁，也比原包装更易于清洁，贴上标签进行
   区分。

3/灶台一侧的台面用来摆放盛菜的碗盘。

辅助操作台的下方原本是等分四格储物，过于死板，我们根据实际收纳的物品尺寸，重新改造了结构。

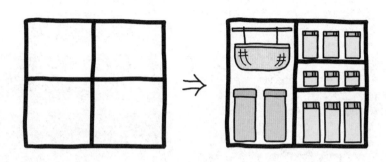

根据要收纳的物品尺寸进行结构改造，充分利用空间。

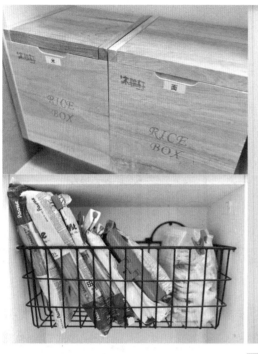

1
2
3

1/ 左边用来放米面和面条等主食，一半落地，
一半悬挂。

右边收纳香菇、木耳等干货食材，根据储物
罐的高度分成了三层。

2/ 蒜头和姜放在台面上靠窗通风的小筐里。

3/ 食用油和清洁台面用的小苏打溶液放在托盘
里，再放上一小盆"让做饭变得更愉悦"的花。

4
5

4/ 灶台下方烤箱侧面这个只有 10 厘米宽的位置也不想浪费，找到一个尺寸刚好的缝隙收纳柜，存放油盐酱醋的备用。

5/ 灶台背后的墙面，安排了放锅盖的架子、早餐锅、隔热手套、篦子等杂物。

记得小的时候，爸爸妈妈的厨房里除了锅碗瓢盆，只有个电饭锅。现在我们大多数人的家里，都配备了搅拌机、厨师机、面包机、咖啡机、料理机、辅食机等一大堆的"机"。但我们的厨房，竟然还是原来的老样子。生活变了，收纳却没有跟着发生改变。

很多人都说厨房的小电器是鸡肋一般的存在，买回家一年都用不上几次，所以就塞到了柜子里。但究竟是因为它们不常用所以放在不好拿的位置，还是因为它们被放在了不好拿的位置所以才不常用呢？它们不是被塞在高处或者角落里，就是被关在柜子深处，或者常年被油污灰尘覆盖。就算某天突然打算使用，是不是只要一想到拿出来很麻烦，放回去很麻烦，清洁也很麻烦，就懒得用了呢？

要提高物品的使用频率，可以从改变它的收纳方式开始。好的收纳方式不但可以迁就我们的习惯，还能引导我们去养成更好的生活习惯。

如果厨房小电器都好拿好放好打理，使用频率变高，自然就不再是"鸡肋"一般的存在了，说不定你也会因此变成十八般武艺精通的百变厨娘呢！

如果你的厨房空间很大，能够打造一个专门的电器收纳空间，就可以把它们集中安置在一个多层的高柜或者置物架上。但我的这个小厨房，现在只剩下冰箱侧面这只有 20 厘米的空间可以利用一下了。

厨房侧面的小空间，收纳了小家电和其他干货食材。

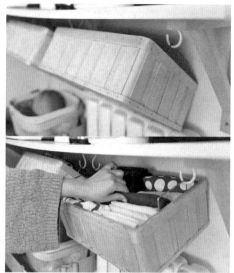

1/ 两层置物架，下层厨师机、榨汁机、多士炉、电炖锅一字排开。

上层放的是不常用的烘焙材料、备用的干货、中药等。

2/ 搁板下方的空间也不放过，用倒挂的粘钩和竹筐 DIY 了两个可以"打开"和"关闭"的收纳空间，里面放上纸袋和帆布袋。这个位置距离玄关也很近，出门要用包袋时也很方便。

3/ 下方的空隙正好放下这辆小推车，用来放一些不用冷藏的食材、饮料、零食。因为靠着暖气，所以它夏天是放在这个角落，冬天则被推到气温较低的厨房阳台中。这就是移动式收纳的好处。

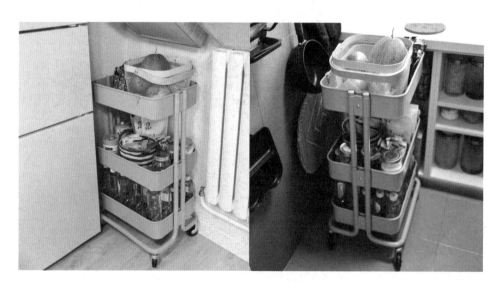

冰箱是"饮食"生活不可或缺的主角，采购食物进门后把食材放入、做饭的时候把食材拿出来、日常生活拿取冷饮和水果……这些都是我们使用冰箱的场景，所以，它被安放在了距离大门、厨房、客厅都很近的位置。

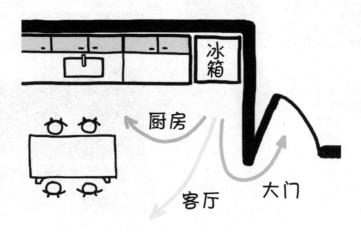

冰箱安排在最方便的位置。

食物即使放在冰箱里，也是有保鲜期限的。一个塞满了食物的超级大冰箱对我这样的一家三口而言只能意味着一直都在吃不新鲜的食物。因此，我家只有一个单开门274L 的小冰箱。

你也许期待着看到一个像阅兵式般摆满了漂亮收纳盒的冰箱收纳示范，但在一个看到了生活真相的规划整理师家里，是不会有那样的冰箱的。

虽然不提倡吃剩饭剩菜，但我很清楚的是，"吃到一半先暂时存入冰箱"依然是我们日常频繁发生的冰箱使用场景。在最好用的位置空出一个小区域，作为"留白"，需要的时候随时可以放入暂存的碗盘和食物，这样的冰箱用起来才没有问题。

1　2

3

1、2/ 冷藏区收纳

高处用托盘和带把手的筐子收纳罐装调味料和一些长期保存、不常使用的配料及食物。

最下方用两个透明收纳盒分别装水果和早餐这两类包装零散、需要快速消耗的食物。

中间除了偶尔放一些待使用的蔬菜，尽量保持留白。

最底下的抽屉放的是鸡蛋。有的人可能习惯把鸡蛋放在门上，实际上鸡蛋宝宝是很喜欢安静的哦，冰箱门总是开开关关不利于鸡蛋宝宝的健康。

3/ 冰箱门的收纳

高处用盒子装了黄油、酵母、益生菌等一些长期保存、不常使用的物品。中间透明收纳盒装的是豆子。

收纳盒要根据数量和食用方式来分配才不会浪费。同时使用的可以混装，例如我的四物汤的几种配料就是装在一个盒子里的，节约了不少空间。

最底下放的是一些常用的需要冷藏的调料。适当留白来存放牛奶、饮料等。

4
5

4/ 保鲜区收纳

带盖子的沥水盒可以让蔬菜保持干燥，把盖子盖上更利于持久保鲜。不过对于我们来说这些菜都是要迅速吃掉的，盖上盖子反而没办法一眼看见有什么可以吃的，所以通常都这么敞开收纳。

5/ 冷冻区收纳

三个抽屉自上而下分别是：随意箱、主食、肉类。

随意箱存放的是像冰格、夏天的冰激凌以及一些需要冷冻的小零食之类。

肉类最好放在冰箱最下层的位置，不会影响到其他即食的食品。

肉类都是在买来的时候按照一顿的分量分割好之后，放入盒子或者袋子当中。这样就避免了反复解冻带来的问题。最底下的抽屉比较深，所以采用直立收纳，从上面就能看见大概有哪些食材。

如果你像我一样，每天做饭都是自己的必修课，不妨想一想，当我们做饭的时候，让我们感到最麻烦的事情是什么呢？对我而言，最大的麻烦并不是做饭本身，而是"今天吃什么"这个问题，也就是说，关于吃饭的计划。

我的冰箱门上挂了一个小本子和一个记事板，常吃的菜谱记录在这里，然后每个周末花上十几分钟提前列出下周的菜谱，做好计划，定期定量采购，就不需要反复花心思去琢磨买菜做饭的琐事了。让冰箱里的食材维持在一周左右的数量，然后把楼下有着大冰柜的超市和每天供应新鲜蔬果的菜市场当成我们的备用大冰箱，多好！

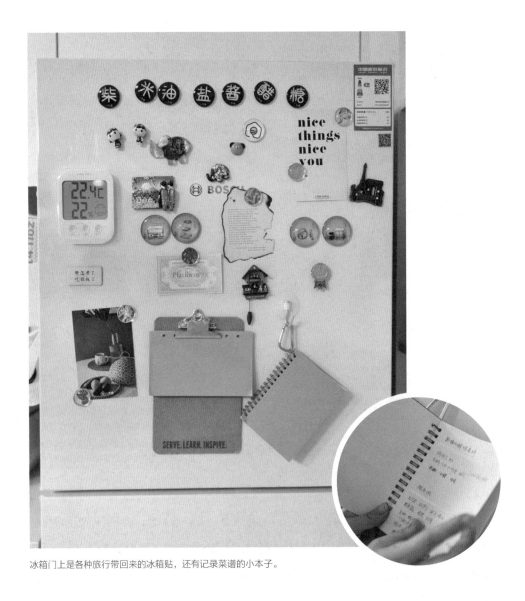

冰箱门上是各种旅行带回来的冰箱贴，还有记录菜谱的小本子。

　　在这个小小的房子里，只要稍做调整，餐厨客三区就水到渠成地连为了一体。做好的菜，走两步就能端到餐桌上；吃完饭，转个身就能把碗筷扔进水池；吃饭的时候要从冰箱里拿饮料或者调味品，都不需要从椅子上起身……在这里，关于饮食的生活动线几乎可以缩短为零。

1/ 筷子、叉子、勺子挂在餐桌旁边，无论吃饭
的时候拿取，还是洗干净之后放回都很方便，
桌面只有一个纸巾盒，备用插座留给吃火锅。

2、3 / 茶叶收纳在双层托盘里。

　　我们本来打算将厨房和就餐区完全打通，墙全部拆掉，结果因为一根无法避开的
燃气管道，只能拆一半。没想到的是歪打正着，成就了这个我们全家都无比心动的"餐
边辅助区"。酒、咖啡、茶叶、茶壶、热水壶放在这里是那么的合情合理。无论是在客
厅的人需要喝水，还是做饭的人需要用开水，都能随时取用。

4 5
6

4 / 茶具放在置物架的第二层。

5 / 事先为电水壶预留了电源。

6 / 半圆的小桌收纳日常的水杯、水果、零食，家里每个成员都能自给自足。

这个小窗口，是不是像极了餐厅的吧台？

"你要买什么呀？"在窗口这边的服务生问。

"我要一杯果汁。"在客厅的顾客回答。

"好的，给你果汁。"服务生递上榨好的果汁。

"谢谢，付好钱了。"顾客从窗口接过果汁，端去客厅享用。

这个游戏让我们一家三口乐此不疲，就算玩过一百次，依然觉得趣味无穷……

和小朋友一起玩餐厅游戏。

从厨房看客厅，即使忙碌也可以和家人一起共享欢乐。

一切安置妥当,这就是我想要的那个"让每个人都喜欢在这里做饭"的厨房。在这里,客厅里的人可以看到厨房里忙碌的身影,厨房里的人也可以分享客厅的欢乐。

当我在厨房做饭的时候,随时都可以把一盘蒜头递给客厅里的父子俩:"剥蒜啦!"朋友来家里做客,也总是忍不住冲进厨房撸起袖子一起动手;偶尔和亲朋好友一起包饺子吃,有人在餐桌上擀皮,有人在客厅里和馅,有人在厨房里烧水,一边看着孩子们在屋子里奔跑玩耍,一边聊着天,一顿饭转眼间就准备好了。

最重要的是,在这里,每个人付出的辛劳都能够被"看到",无论做什么都能被"陪伴",这不就是我想要的家的样子吗?

放在餐边置物架上的小音箱:做饭的我,和在客厅的你,可以听着同一首歌。

07 卧室：不可或缺的疗愈之所

在关于"理想的家"的蓝图中，我一直认为最重要的是能和家人共度时光的公共空间，相对而言，睡觉用的私密空间则不是那么重要。但这个"不重要"，指的仅仅是面积大小上的不重要，而不是功能上的不重要。要知道，卧室可是我们大多数人在家里待的时间最长的地方呀！

它是疲惫的我们恢复精神和元气的场所，按道理来讲，这里除了床，什么都不应该有。但是对于我们的"小蜗居"来说，这个卧室里还得有个衣帽间——你没看错，不是衣柜，是衣帽间。在看到这个房子的第一眼，我就决定把属于另一间卧室的壁橱"抢"过来，把两个壁橱空间合并，在这间小小的卧室里塞下我关于衣帽间的"大"理想。

这个理想的衣帽间有多"大"呢？大约 1.6 米 × 1.4 米那么大！

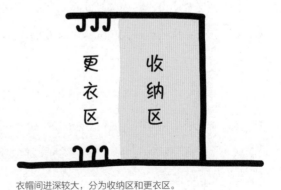

衣帽间进深较大，分为收纳区和更衣区。

空间小，也阻挡不了我们把它变得实用而强大的决心。衣帽间和衣柜的最大不同之处就在于，它不是屋子里的一个收纳柜体，而是一个独立的区域，除了收纳，还可以在里面换衣服。

为了可以灵活调整内部格局，以及减少卧室的环境污染，我选择了可以自由 DIY 的钢材质搁架单元作为衣帽间的主体结构。

比较完美的衣橱结构，是划分出长衣区和短衣区，短衣区挂上下两层，长衣区下面配合抽屉使用，就像这样：

然而我这个"大"衣帽间，面积如此小，还要容纳我和先生两个人的所有衣物和床上用品，无法执行这样完美的规划。属于我自己的只有不到一米的挂衣区，于是我把它按上下分为了长衣区和短衣区。

这个衣帽间，也是一个很像"我自己"的衣帽间：个子不高的我，长衣区的衣服也不会太长，因此才可以实现和下层的短衣区共存。也因为我春夏秋冬都爱穿连衣裙，长衣区和短衣区设计为同等大小刚好合适，但如果你是爱穿裤子的女生，短衣区的容量通常会比长衣区要大一些。

1/ 最上层是不常用的被褥和冬季的羽绒服；

　　左侧是我的挂衣区；

　　底下收纳日常替换用的床单；

　　右侧上方为先生的挂衣区；

　　右侧下方为我和先生的家居服和内衣。

2/ 中间用带分隔的储物盒收纳了内衣、袜子
　　等小件。

3/ 睡衣和家居服，挂起来没必要，放抽屉太
　　麻烦，直接放在拉篮里。

1　2

3　4

1、2/ 围巾、打底袜等折叠收纳在抽屉里。

3/ 换季的被褥装入收纳袋放在高处。

4/ 日常更换的床单被罩一整套叠在一起，用其中一个枕套
　　打包，收纳在方便拿取的低处。

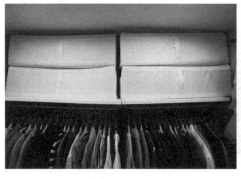

5
6

5 / 衣帽间两侧的墙面安装了挂杆，所有的下装都挂在这里，一侧归我，一侧归先生。

6 / 不常戴的帽子用带夹子的挂钩挂在高处。

　　你也许会觉得，无论家里有多大的衣柜，多豪华的衣帽间，依然是到处乱扔衣服。这其实再正常不过了。衣柜是静止的，但衣服却是穿在长了双脚、每天在屋子里走来走去的我们身上。穿衣服、换衣服、脱衣服、洗衣服……这些生活日常，都是在动态中进行的。因此，我们需要的不仅仅是一个衣帽间，而是一个完善的"衣物管理系统"。

次净衣和脏衣的收纳区

这系统除了包含对我们新衣服、脏衣服、次净衣（或者叫隔夜衣）、晾晒衣的合理收纳，还应该包含一个关于衣服的日常生活动线。

作为这个动线上重要的一环，我在衣帽间的旁边，增加了一个简易的衣架，用来收纳临时换下的衣服。

根据多年观察，我的先生平时下班回家后，连把衣服挂到衣架上的这个动作都会嫌多余。这个衣架简单到他脱下来的衣服只需要往上面随手一扔就可以了，如果是脏衣服，就扔进下面的脏衣篮。

这样一来，通过收纳规划出来的，我们家的"衣物管理系统"是这样运作的：

场景一　回家

在玄关脱掉外套，进卧室换衣服，脱下来的衣服如果要洗就扔进脏衣篮，如果不洗就扔在次净衣架上，从衣帽间拿新的，或者从次净衣架上取下早晨换下的家居服换上。

场景二　出门

在卧室脱掉家居服，要洗的扔进脏衣篮，不洗的扔到次净衣架上，从衣帽间连同衣架一并取出干净的衣服，或者从次净衣架上拿昨晚换下的衣服换上，衣架挂在次净衣架上。

场景三　洗晒

从脏衣篮取走脏衣服，从次净衣架取走衣架，洗干净后晾晒到阳台。

场景四　收叠

外穿衣物从阳台连同衣架拿回衣帽间挂上，家居服或者内衣从衣架上取下，竖立叠放收纳。

就这样，各个状态下的衣服都有了自己固定的位置，再也不会满屋子乱跑了。更重要的是，我们平时觉得最麻烦的一件事——收叠衣服，得到了最大的简化。如果你也想要实现这样一个方便舒服的衣物管理系统，只要做到以下四点就可以了：

1.新衣、次净衣、脏衣集中在一起；

2.衣服尽量悬挂收纳；

3.洗晒采用统一的衣架；

4.衣帽间不留空衣架，衣架跟着衣服走。

贴上墙纸，铺上地毯，挂上简单的门帘，就是这个低调又实用的小小衣帽间了。它也是捉迷藏的好地方，来家里玩的小朋友们都喜欢躲在这里。

拉上门帘后的衣帽间是捉迷藏的好地方。

我们为这个家选择的大部分家具，都是价廉物美的平价产品，唯独轮到床和床垫，我和先生不约而同地决定，一定要选择品质最佳的。被单、枕套等床品也抛弃了之前五花八门、东拼西凑的那些，全部重新选购了整套、全新、和宁静空间氛围相得益彰的深素色。只要想到我们在这个家里大部分的时间都是躺在这张床上，以及一夜好眠带来的满满元气，就会觉得这是装修时最值得的一笔投资。

小九渐渐长大，开始独自睡在自己的小床上，但是依然会在晚上摸索爬到我身上趴一会儿，或者夜里醒来抓住我的手才能踏实继续睡去。于是，他的小床就摆在爸爸妈妈的大床旁边，无缝连接，任由他在夜里时而追求"独立"，时而寻找"依赖"。慢慢长大就好，我的小孩……

```
1
2  3
```

1/ 床头的置物架不适合放重物和杂乱的装饰，把毛
　　绒公仔们放在这里，跟卧室"气场"更契合，陪
　　伴宝贝的一夜好眠。

2/ 网格上挂的是第二天上学要穿的衣物，晚上睡觉
　　前准备好一切，第二天早晨就不会慌乱匆忙。

3/ 用藤筐装着小九的绘本，放在他的床头，母子俩
　　往床上一靠，伸手就能选出今晚的睡前故事。

床头柜收纳少量睡前物品。

挂在我们床头的油画《海边》，是30多岁的我第一次上油画课的作品。

　　如果说一间卧室还需要什么"收纳担当"的话，你一定会想到床头柜。从小到大，我住过许多个"一床＋二柜"标准配置的卧室。现在却突然意识到，其实在床头，并不需要有多大收纳容量的"柜"。除了躺下之前最后放下的书本和随身小件，其他大部分的杂物，就都让它远离这个需要清静的场所吧。

　　最后，我选了这个只有一个小抽屉的柜子，把家里的隐私物品"藏匿"在此。台面上除了几本正在看的书，另用一个小筐装上眼罩、眼药、发圈、眼镜这些睡前最后放下的物品。如果再选一次，我想我还会继续减轻它的分量，用一把椅子，甚至一块搁板代替。

　　这间小卧室是这个家纯净的疗愈之所，白天基本上很少进入，晚上进去之后除了睡前和孩子一起读读书，就只剩睡觉了。空气中都是"请勿打扰"的味道，让人心情平静。

08 儿童房：蹲下来才能看懂他的世界

儿童房该是什么样子的呢？这有点儿难倒了我。如果只是用孩子的东西去堆满这个房间，并没有什么困难。但我希望在这个家里，一切都是从使用这个空间的人——也就是从"我"这个角色出发。

和家里其他空间不同，这个儿童房，小九才是那个"我"的角色。装修这个房子的时候，他还不到三岁。我也曾试着问过他："你想要什么样的房间呢？"他给的都是类似于"要有一个大火车和一个大飞机""要住在托马斯商店里"这种天马行空的答案。

宝贝，你可太考验妈妈的想象力了呢！

换作童年的我，会希望住在什么样的房间里呢？脑海里冒出的第一个想法竟然是：这个房间的一切必须完全是属于我自己的。衣柜不要有妈妈的衣服，书桌上不要有爸爸的书，家里别的地方放不下的又丑又大的家具，也坚决不要塞到我的房间里。

现在轮到我自己当妈妈了，自然首先也要做到的就是，不要随便把自己的东西放到孩子的房间去。但我心里也很清楚，只有家里其他的收纳空间充足，我们才能真正做到这一点。否则，其他的地方东西放不下，儿童房却空空如也，不占用的话太浪费，占用的话又很自责。当我希望孩子慢慢学会自己整理房间的时候，他该如何处理混在其中的爸爸妈妈的物品呢？等他逐渐长大，如果我们还频繁进入他的房间去拿东西，他也一定会很反感吧。

对小九来说，"独立"比"大小"更重要，一个完全属于自己的"领土"，比一个面积更大的"领土"更有意义。想到这里，我毫不迟疑地合并了两个卧室的壁橱，把原本属于小九的一部分收纳空间给"抢"走，变成了我们的衣帽间。

正因为我们自身的基本收纳需求得到了满足，自然也就能做到不去侵犯孩子的地盘。从入住这个房子的第一天开始，我和先生都遵守着一个雷打不动的原则：不在孩子的房间里放入任何我们的物品——哪怕只是一张纸。直到现在，这个原则也一直坚持得很好。

没有了壁橱之后的儿童房，四四方方，大约十平方米。

对于一个三岁的小男孩来说，他可一点儿都不关心什么功能分区，也不关心自己的物品是不是有地方放，他只在乎一件事：我有没有地方铺火车轨道？有没有地方搭建城堡？有没有地方过家家？有没有地方打滚？当我的小伙伴来做客时，我们有没有地方可以一起玩耍？

这反而让一切变得简单了——我只需要把儿童房所有的家具物品都靠边站，把中间都空出来，留给他一个"游戏操场"，准没错！

在为孩子挑选家具的时候，我去逛了很多家居卖场的样板间，我一遍一遍地蹲下

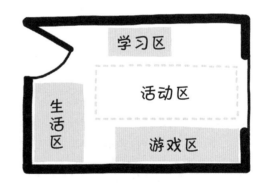

游戏区是学龄前孩子房间的主题，安排在靠近窗户、光线和空气都良好的位置。

生活区的衣物收纳在靠近门口的位置，方便爸爸妈妈帮助管理。

在学习区，把床头桌改成写字台，旁边摆上落地灯。

房间中间是一片完整的活动区域。

来，以小九的身高和视角去观察丈量：如果我只有一米高，我看到的这个房间是什么样的呢？

我发现：那些家具都太高了！太大了！太丑了！

有的儿童房看起来不过就是父母卧室的复制版，和其他房间并没有任何区别，都是一样的家具、一样的布局、一样的风格。为了避免麻烦，为了节约成本，甚至可能是希望孩子要成熟懂事，不要那么"孩子气"，大人们完全站在自己的角度去设计儿童房。所以，很多孩子从三岁开始就住在自己十八岁的房间里了。

我希望我的孩子，三岁就住在三岁的房间里。因此整个房间都选择了低矮的小件家具。

衣柜是小九自己挑选的款式。他尚且不能管理自己的衣服，所以目前儿童房衣柜

1　2

1/ 衣服大部分都是悬挂收纳。

2/ 内衣及家居服等直立折叠在收纳筐里。

1 2
3 4

1/ 过季的衣物直立折叠收纳在下方的抽屉里。　　3/ 按照分类贴上图形标签。

2/ 衣柜顶部的收纳箱里放的是备用床上用品。　　4/ 袜子等小件用抽屉分隔来管理。

的管理责任还在我这个妈妈的身上。今后打算随着他长大，逐步交给他自己去做。

　　袜子、手套、T恤等小件，另外配置了一个小小的斗柜来收纳。柜门上的分类标签是我和小九一起制作的，他现在已经知道自己的什么东西在哪个抽屉里了，还常常自娱自乐，玩一种"这里画着裤子，那就打开看看里面是不是真的放了裤子"的游戏。

　　儿童房也有自己的迷你小玄关，引导小朋友自己养成进出门物品归位的好习惯。

儿童房的"小玄关"与玩具收纳区

小衣架放在房间门口，用来挂一些临时的衣物、书包、帽子等。

　　玩具收纳选择了小朋友自己就可以轻松管理的开放置物架。矮柜的主体框架是结实的木质结构，相比于塑料材质更加结实，不易变形；里面装东西的收纳盒则是轻便的塑料材质，小九自己就能够搬动。

　　玩具的收纳之所以让天下的妈妈都头疼不已，并不是玩具本身有多难整理，而是因为它们的使用者太不可控了！孩子在哪里，玩具就会出现在哪里，玩耍的时候孩子满屋子跑，归位的时候妈妈满屋子跑。这个时候，"移动式收纳"就有了用武之地。

1　2
　　3
4　5

1/ 收纳盒内部简单收纳。

2/ 按照分类制作了标签。

3/ 那些不知道怎么分类的小玩意，用两个小小的无纺布箱子放在玩具柜上，取名为"随意箱"，从此再也不用为无法分类的玩具头疼。

4、5/ 宝贝够不着的高处也不用浪费，用漂亮的小房子收纳一些展示的玩具。

6 7
8

6 / 拼接好的火车模型等立体玩具，展示收
纳在多层的玩具柜中。

7 / 容易散落的拼图成套收纳在衣物洗护

袋中。

8 / 经常要搬运的、比较重的玩具使用移动
式收纳。

小九的乐高、火车轨道、汽车等，都直
接放在了附脚轮的储物箱里。他想去哪儿玩，
就自己推到哪里去，归位的时候也不需要再
"徒手搬运"了。这种比较深的盒子只适合
收纳同种类的、数量又比较多的玩具，满足
容量的同时，还要能做到"不用翻找也能知
道下面是些什么"才行。

上幼儿园中班后，小九开始喜欢坐在桌边

写写画画，也时不时要做一些小作业了。把原来的床头桌改为写字台，旁边摆上一盏落地灯，"陪读"的爸爸或妈妈可以坐在旁边的椅子上。虽然距离上学还有接近两年，但他已经开始一点点体验学习的滋味了。

正如我们一开始想要的，儿童房中间是完整的活动空间。铺上地垫，就可以在这里自由自在地玩耍。

剩下的装饰部分，就交给了小九，消防车身高尺、青蛙垃圾桶、手写挂钟、帽子灯、汽车装饰画……每一样都是他亲自挑选的。

这就是属于小小的你的小小的小人国。

1 ┄┄┄┄┄┄┄┄┄┄
2 ┄┄┄┄┄┄┄┄┄┄

1/ 儿童房的学习区。

2/ 想要切磋国际象棋，就坐在这里来一局，或者从背后拿本书翻翻也不错。

3

4

3 / 儿童房中间空出完整的活动区域。

4 / 让儿童房充满童趣的各种装饰，都是小主人自己挑选的。

站在大人的这个角度看上去，这里的一切都很"迷你"。但若是站在小九的角度，这一切应该都是"刚刚好"。等到他上小学，这间儿童房会根据新的年龄特点进行调整，比如减少玩具收纳、增加书籍收纳等。但在那之前，就先让三岁的他享受三岁的他本该拥有的一切吧！

　　很多妈妈都跟我说，从前二人世界的时候，家里整洁得就像样板间，自从有了孩子，就眼睁睁看着整个家里从玄关到厨房，从客厅到卧室都被玩具占领，那个整洁清爽的家再也回不去了。

　　可是，为什么要回去呢？

　　从感受到这个新的小生命在自己身体中开始孕育的那一刻起，我就准备着要从身体到心灵去接纳他进入我的生活了，其中也包括了接纳他那一地乱扔的玩具。

儿童房全景

小九在家里待上半天，房间就会变成这副模样，最能让这个家"热气腾腾"的，非他莫属。

第三章　**让收纳经得起
时间的考验**

66
　一次整理，

　　永不复乱
　　　　　99

01 好收纳是居住体验的基石

我把自己关于家的心得分享在社交网站上之后，有很多朋友跑来跟我说："我就要你家那样的。"

每当听到这样的话，我心里都会感到兴奋又惶恐。兴奋的是，自己费尽心力去打造的这个家，得到了这么大的认可，惶恐的是，其实并没有可以直接复制过去的"我的家"。

在一个家里的居住体验，其实是一个非常主观的感受。让我觉得舒服的方式，不一定能让你舒服。有人喜欢保持最少欲望的极简主义，有人喜欢把什么都关进柜子里的整齐划一，也有人喜欢像我家一样杂货铺一般的烟火气。

更重要的是，房子对于我们而言只是一个物理空间，这个空间不论面积多大，设计多么精巧，家具多么高级，风格多么时髦，如果住在里面的人自己没有把它用好的能力，那这一切不过都是空中楼阁，用不了多久就会原形毕露，轰然倒塌。

生活需求一直都是在不停变化的过程中。建筑师、设计师、整理师在工作完成时交付的那个结果，无论多么完美无缺，都需要真正住在这个家里的人有能力在日复一日的生活中去维持，去更新。

所以，世界上并不存在那种"不论是谁住进去都合适"的房子，但却存在"不论在什么房子里都可以住得很舒服"的方法。

"住得很舒服"的感受，不是房子天生就能带来的，而是我们用心经营出来的。空间的设计、审美的能力、家务的技巧、时间的安排……这些我们自身随时可以提升的"软技能"，可以帮助我们在一个即使是先天条件不那么好的房子里，也能住出更高级的感受。只要住在这个房子里的人掌握了这些本领，无论家在何方、房子大小、物品多少，都不会有什么解决不了的难题。

在这些本领中，整理收纳是一块"基石"。

你很难想象，在一个物品四处乱放甚至囤积成灾的房子里，仅仅用漂亮的装饰物就能获得什么美感；也很难想象，在一个毫无章法处处充满障碍的环境下，能够快速高效地完成日常家务；而在一个混乱的环境里，糟糕的外在秩序也根本无法支撑什么规律的时间安排和生活作息……

这也正是为什么我在规划自己的这个新家时，一切都围绕着"收纳"来展开。一旦把这种"基石"建立起来，无论是操持家务还是安排生活都随之变得轻松无比，甚至连我并不擅长的空间美感，都在这种井井有条的秩序之上自然而然地就显现出来了。

整理收纳，也是其中最简单、最容易学习、最高性价比、最普遍适用的技能，可以说是人人都应该学，人人都学得会。但它却往往也是最容易被忽视的。

"收拾屋子也需要学习什么方法吗？"很多人都会这么问。

是不是需要，这取决于在你的字典里，"收拾"这两个字的含义。

02 当你收拾家时，你在收拾什么

　　每当你说"我要收拾一下"的时候，你脑海里想到的这个"收拾"指的是一些什么样的事情呢？

　　我想，虽然我们嘴里说的是同一个词，但心里想的可能是完全不同的两个意思。一般情况，你说要"收拾一下"了，大概接下来会做这样一些事情：把桌上东倒西歪的东西排列整齐，把没用的垃圾扔掉，把先生扔在地板上的袜子扔进洗衣机，把孩子丢在外面的玩具装回抽屉里，把桌子擦干净，再把地板扫一下……

　　你也许早就被这些琐碎无趣的家务活感到厌倦了。来，我们先停一下，想想看自己究竟烦恼的是什么呢？是被擦灰尘、拖地这些事情累着了，还是说，在把到处乱跑的杂物归位这件事情上耗费了大量的精力？这些事情里，哪些是你必须做的，哪些是你可以不做的，或者可以请别人来帮忙的呢？

　　我们刚才进行的这一系列的"收拾"动作当中，其实包含了两件完全独立的事情：

　　筛选不要的东西，给混在一起东西做分类，把拿出来的东西放回原来的位置……我们管这些叫"整理"，它让物品和空间从无序变成有序。

　　用吸尘器吸尘，用抹布擦桌子，用拖把拖地……我们管这些叫"清洁"，它的目标是让物品和空间从脏污变成洁净。

变洁净是很客观的事情，你家的灰尘和我家的灰尘没什么不同，一个能干的家政阿姨能帮你打扫，就也能帮我打扫。如果你不是为了在擦地板的过程中磨炼身心或者得到某种疗愈，就完全可以把它"外包"出去，比如使用像扫地机器人这样的自动化设备，或者直接请保洁阿姨来帮忙——我想你很可能已经在这样做了！

但是，你可能也对请来的保洁阿姨有过不合理的预期。

在我做过整理服务的顾客家里，绝大多数都定期请保洁阿姨，甚至是长期住家的保洁阿姨，这些阿姨们在"清洁"这件事情上的专业和高效无人能及，不但干得快，还干得好。但一涉及和"整理"有关的活儿，就总是很难让人满意。是我们请来的阿姨水平不够吗？不是的，是我们把本不该她做的工作交给了她。

如果你的餐桌上摆满了瓶瓶罐罐，地上堆满了杂物，一个初次来为你服务的保洁阿姨，最多只能帮你把那些瓶瓶罐罐在桌子的一侧排列成整齐方队，把地上的杂物都靠墙摆放，然后把桌子擦干净，把地扫干净。她还能做什么呢？

一个长期为你服务的保洁阿姨也许可以按照原来的位置把它们复原，但这种复原的方式是否合理，是否是你想要的，她又如何能知道呢？当家里不断有新的物品进入和流出时，她又如何替你去决定，那些快递送到家里的每一样东西应该放到哪个柜子里？在衣橱里放了五年一次都没有穿过的衣服是否应该舍弃？

甚至有一个整理服务的顾客在找到我的时候直接就说："我已经不请保洁阿姨了，因为家里已经没有什么空余的桌面和地面留给她打扫了。"长期未经整理的环境、无法复原的秩序，已经成了清洁这件事无法跨越的阻碍。

"我生活中需要用到些什么？""我不需要的哪些东西？""我对这件物品的使用频率是怎么样的？""我的使用习惯是什么？""我希望把它放在什么位置？"这些问题对于以"清洁"为目标的保洁阿姨来说，都是没有答案的。因为它们的主语都是"我"。

只有"我"知道，那条买了三年从来没有穿过的裙子也许应该处理掉，吃饭最习惯用的那只小碗要放在最好拿的地方，秘密日记本要藏在谁也找不到的位置，几年前拍的那张美翻了的照片最好挂在家里最显眼的墙上……

只能是"我"，来选择哪些是应该继续留在我身边的东西；也只能是"我"，来决定这些东西应该被如何安置。这件事情，天底下可没有一位保洁阿姨可以代劳。

因此，把"整理"和"清洁"区分开，是你要做的第一件事。

"清洁"是可以外包的，但"整理"不可以。

如果你因为"收拾"而感到疲惫不堪，可以花钱买时间，先把不是自己必须参与的工作转交出去，把买回来的时间用来做那些重要的、必须自己亲自解决的、不可替代的事情。

一个长期为你服务的保洁阿姨也许可以按照原来的位置把它们复原，但这种复原的方式是否合理，是否是你想要的，她又如何能知道呢？当家里不断有新的物品进入和流出时，她又如何替你去决定，那些快递送到家里的每一样东西应该放到哪个柜子里？在衣橱里放了五年一次都没有穿过的衣服是否应该舍弃？

03 要"归位"，是因为要"使用"

从还是小朋友的时候起，我就常常听到一句话："从哪儿拿的，放回哪儿去。"也就是说，当我们提到"收拾"时，指的往往就是"物归原位"。

收拾屋子之所以让我们感到深恶痛绝，就是因为"物归原位"这件事，每天都在发生，而且非常频繁。想要维持整洁，我们就得不停地重复"从哪儿拿的，放回哪儿去"这个动作。我们也一直相信，解决这件事情只有一个办法：努力让自己变得更勤劳。

且慢，在你开始努力变得更勤劳之前，我们先回头再看看那个最重要的问题吧：

"什么样的房子最整洁？"

是主人最勤劳的房子最整洁吗？当然不是。没有人住的房子才最整洁。我们要收拾的这个房子里，有"人"存在。有人，就会有生活。

因为有"拿"，才会有"放"，因为有"使用"，才会有"归位"。我们总是戴着一只叫作"从哪儿拿的，放回哪儿去"的紧箍咒，我们总是不得不在"归位"这个动作上花费大量的时间，正是因为有了"使用"这个行为。

但"使用"是我们的生活需要，它是没法被抹去的。

很多人会说："我收拾好了之后就不想动它了，一动就怕乱了。"

一件物品既然出现在我们家里，占用了我们的空间和精力去管理它，最后却只能放在那里不敢动，这样的整洁，又有什么意思呢？从锅碗瓢盆到螺丝刀瓶起子，都是我们花钱买来的，把它们放在家里，就是为了使用它们。如果不能把它们都恰到好处地利用起来，那跟没有它们又有什么差别呢？

如果我们只是在家里建立了一种看似完美却脆弱不堪，只能通过大量重复的体力劳动来维持的秩序，那只能说明，这个秩序本身就是不合理的，而不是我们自己有什么问题。

没人住的房子的确最整洁，从来不使用的物品的确不会到处乱跑，但你知道，这毫无意义。

常常听到那些擅长整理收纳的人说，有一些方法可以做到"一次整理，永不复乱"。估计你难免会心生怀疑：怎么可能"永"不复乱？是在吹牛吧？

这并不是吹牛，而是对"复乱"的定义有所不同。

在使用过程中，物品离开原来的位置，并不是复乱。只有这些物品压根没有"原位"，或者在使用过后长期无法回到原位，才叫作复乱，这时候才能说你整理的结果是失败的，你的收纳方式出现了问题。

因此，"使用"过程中那些看起来乱七八糟的画面，就请安心、坦然地接受吧，只要我们想要或者需要"归位"的时候能够顺利轻松地完成，就都不是什么问题。

04 把"定位"当作最重要的事

　　现在我们知道了，"使用"是必须接受的，"归位"是不得不做的。从整齐变乱糟糟，可能就是一瞬间发生的事情，在每个人家里都一样。差别就在于，从乱糟糟再回到之前的整齐，需要付出多少的努力？如果过程复杂而又低效，久而久之我们就会难以完成，直到慢慢陷入混乱的深渊，再也回不到

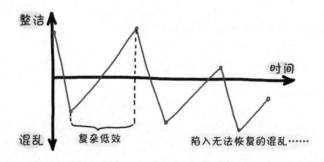

复杂低效的归位，总是整了又乱。

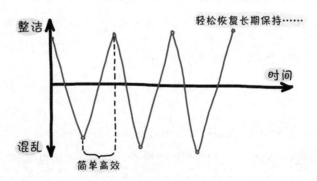

简单高效的归位，就容易长期保持。

当初。如果我们能够简单又高效地完成归位，就能让整理的结果长期保持。

我们一直百思不得其解，"物归原位"这件事，说起来容易，做起来为什么总是那么辛苦？在开始解决问题之前，我们不妨先做一件从来没有做过的事吧：假装在家里架起一架摄像机（你要真的这么干也可以），记录一下自己"收拾"的动作，看看究竟发生了些什么？

想要把一件东西放回原处的时候，是立刻就知道放到哪里去，还是先得想上半天？

是站在原地就能完成，还是要在家里不停走来走去？

是要搬开好几个盒子，打开好几个盖子，还是一个动作就能完成？

想要用一件东西的时候，是去"拿"，还是去"找"？

是立刻拿出来，还是要在柜子里翻半天？

拿一样东西，是整个抽屉都跟着乱糟糟，还是拿一个就是一个，其他的东西都乖乖待在原处？

有的时候，是不是连"使用"本身都变成了一件辛苦的事呢？

你应该发现了，很可能根本就没有那个物归原位的"位"，或者那个"位"是一种非常别扭的存在。当你觉得"归位"麻烦，甚至连"使用"本身都是各种麻烦时，八成是因为你从来没有想过，需要提前为这两个动作创造好便捷的、迅速完成的条件。

这个条件，是通过"定位"来创造的。

每次我去理发店，发型师都会在最后用吹风机帮我做出一个很好看的造型，但这样吹出来的造型再惊艳，只要回到家睡个觉、洗个头就再也保持不了了。

我们搬进一个房子，不假思索把各种东西随便一放，表面整洁就算完成。这种潦草的"定位"，也会给我们日常的"使用"和"归位"带来了无穷无尽的麻烦。

技艺高超的发型师，一定会在剪发和烫发过程中把定型做好，让你走出理发店的门之后，发型也能长久保持。我们给物品做"定位"也是一样的道理。

定位，就是给物品找一个固定的家。

这个"家"就像我们自己家的地址一样，是固定的，不需要每次都去思考它究竟在哪里。除此之外，这个"家"还应该让它们拿取方便，归位简单，在美观和实用中达到一个最佳平衡。

没有经过"定位"，我们的家就会变成一座时刻处在运动状态中的迷幻城市，想去往任何一个目的地，都是无比曲折而又艰难。做好"定位"之后，每栋建筑物都会固定在自己的地基上，每户人家都会有自己的门牌号码，即使是与你素未谋面的邮递员，也可以帮助你完成物品的投递。

如果家里所有的物品都有了这么一个从个体上专属、从整体上和谐的位置，那"归位"就不是什么难事。即使是对保洁阿姨来说，经过简单的了解后，物归原位也会变

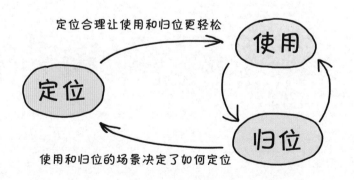

定位、使用、归位的关系

成可以完成的任务。这又是个好消息，只要你把"定位"做好，"归位"的工作也会变成可以外包的一部分！

定位物品，就是定位你的生活。决定如何去"定位"的，是在这个家里即将度过的每一天里，你和家人会如何去"使用"和"归位"，也就是我们每天的生活场景。

它应该是事先的准备，而不是事后的弥补。它是你通过对过去、现在、未来的家庭生活进行认真的观察和思考后做出的决定，而不是上来就动手的潦草行动。

现在回头看，从新家装修完成到入住前，我那"不知道在干些什么却忙个不停"的七个月，正是在对这个家里即将出现的一切进行"定位"。每当我坐在那个空荡荡的新房子里发呆的时候，每当我对着空气"演练"日常的时候，眼前一遍遍像放电影一样出现的画面，就是那些在我们搬进这个家后的生活片段，它们决定了我应该怎么去做收纳。

如果这是一次实验，那么这个实验向我证明了一件事：真正的好收纳，不是从拿着扫把的双手开始，也不是从装满了"神器"的购物车开始，而是从愿意思考的脑子，和认真对待生活的一颗心开始的。

这个"家"就像我们自己家的地址一样，是固定的，不需要每次都去思考它究竟在哪里。除此之外，这个"家"还应该让它们拿取方便，归位简单，在美观和实用中达到一个最佳平衡。

05　下定决心后的行动纲领

可以让我们开心一下的是：和反反复复的"归位"不同，大部分的"定位"工作，都是一次性的。

它可以发生在你的装修后入住前，甚至跟你的装修同时开始，也可以发生在你对正在居住的空间终于忍无可忍的那一瞬间。

无论你现在住在大房子还是小房子，新房子还是旧房子，无论你家里有多少人口，有多少物品，只要你有了奔向井井有条的新生活的决心，现在，立刻，就可以开始行动！

下面五个步骤，就是你的"一次性定位"行动纲领：

第一步，清空。把一大类物品全都取出，把收纳场所腾空。

第二步，分类。对拿出来的物品进行分类和细分类。

第三步，取舍。对每一类物品做筛选，把不需要的流通出去。

第四步，规划。对收纳空间和收纳工具进行配置。

第五步，放置。把物品用合适的方法放到合适的位置。

需要提醒的是，这个"一次性定位"，并不是针对家里所有的物品，也不是针对家里的某个房间，而是对某一种类的物品。选出某一类物品，然后按照五个步骤，进行一次性的定位工作。你可以完全按照自己喜欢的方式去对物品进行分类，例如：衣物类、书籍类、饮食类、清洁类……如果家里有宝宝，你可能还要加上亲子类。

很多人在"收拾"这件事上总是半途而废，做着做着就进行不下去了，十有八九都是因为没有采用这样一个有顺序的、科学的步骤。

本来是在收拾衣橱，突然在衣橱里发现了几本书，于是走到书柜，顺手就开始整理书柜，把衣橱的事情忘了个一干二净；或者本来只要把东西全部搬出来摆在地上就可以，搬着搬着就开始思考应该把它放在哪里，是不是要买什么工具，然后就开始拿起手机下单了……

如果总是这样，只着眼于一个小区域表面看似不错的整齐，而忽略了整体的合理性，只关注最后那个"放进去"的结果，而忽略了分类和筛选的重要性，像"这个是收拾好了，那个又该放哪儿去"这样牵一发而动全身的难题就总是会不请自来。做着做着，你就会被缠绕在一起的各种问题困住，最后不得不放弃了。

从现在开始试试看吧！

第一，每一次都只处理一个类别，时刻提醒自己现在的目标是什么，遇到其他类别的物品就先放在一边，先不要管它。

第二，按照五个步骤的顺序一步一步进行，该分类的时候分类，该取舍的时候取舍，在当前步骤没有做好之前，不提前思考下面的步骤，最重要的是，不要提前去想"该放在哪里"这个问题。

只要做到了这两点，曾经一直困扰你的"怎么也整理不完"的难题就会迎刃而解！

如果你是对已有住宅进行改造，那么这五个步骤都是在现有的房子里进行的。如果你即将搬进新居，那前面三个步骤——清空、分类、取舍是在旧的房子里完成，后面两个步骤——规划、放置，则是针对新房子展开的。

这也许是你从来没有尝试过的事情，这也许是你倍感压力的一次挑战，但请相信，只要完成了它，你就再也不需要像从前一样，去反反复复维持一个已经失序状态的表面秩序，你将会重建一种全新的秩序，获得前所未有的轻松。

一个完善的收纳系统一定是"四维"的，它不仅仅是人、物品、空间三者的在某一个定格瞬间的整洁，而是经得起时间维度考验的和谐统一。

它是前置的功课，是有预见的事先准备，而不是一直被动地跟在问题后面，用一个错误去弥补另一个错误。

它是规划的视角，是站在整个屋子的角度去俯瞰真实的生活，而不是只盯着一个小局部，做些无谓的摆弄和排列。

它是以静制动的学问，它不仅是为空间和物品建立起秩序，而且要建立一种在动态的生活中易于维持的秩序。

这就是真正的"一次整理，永不复乱"，这就是人人都能爱上的收纳。

接下来，我将分享从自己家的收纳经验和上百个上门整理案例中总结的 20 条收纳心法。用上了这些法则之后，你也可以在家里同时拥有井然有序的空间和充满了温度的生活。

这些心法将分别适用于清空、分类、取舍、规划、放置这五个步骤，无论你在实践哪一条，都请不要忘记，它都是发生在"定位"这个阶段的。

第四章 **20 条让生活井井有条的收纳心法**

66 同时拥有井然有序的空间和充满温度的生活 **99**

从"衣服山"开始

假如今天你决定收拾衣服，那么接下来你要做的第一件事情，就是把所有的衣服都拿出来，把它们堆在床上或者什么地方，把你的衣橱清空。

你的衣服很可能不止在衣橱里，还可能在玄关柜里、床底下的盒子里、衣架上，或者塞在什么别的角落里，一定要一件不剩全部都拿出来，放在一起。

全部衣服摆出来之后的"衣服山"

这时候，你会看到一座"衣服山"。

同样的，如果你打算整理书籍，那就把书房里、沙发上、洗手间里的书全部都摆在一起；如果你打算整理饮食物品，那就把厨房里、客厅里、多年没动过的储藏室角落里和"吃"有关的东西通通拿出来。

大部分人看到自己的"衣服山"的时候，都会被吓倒：天哪，太可怕了！虽然我知道自己有很多衣服，但完全没有想到有这么多！在我上门服务过的家庭中，很多人家里的"衣服山"比自己长得还高，最多的有两三千件，还有的人有 200 多只唇膏、30 多个保温壶、十几桶洗衣液、100 多斤大米……

每当我给别人提出这样的建议时，几乎都会被问："确定要这样做吗？真的要全部都拿出来吗？我们不能一个抽屉一个抽屉来吗？"

我都会坚决地回答："确定，真的，不能。"

这是因为，在从来没有建立过收纳系统的家里，很多物品都不是和自己的同类待在一起的，而是"哪里有空塞哪里"，甚至是"任何物品出现在任何地方"。

如果我们一个柜子一个柜子、一个抽屉一个抽屉去进行，就会一直被各种"从天而降"的东西扰乱，永远也做不完了。我们可能刚收拾完，又在某个地方发现了一些衣服，然后对着已经整整齐齐的衣橱不知所措，只好拆东墙补西墙，随便乱塞了事。

只有彻底地清空，我们才能确定自己某一类的物品究竟有多少，究竟有哪些。它可以帮助我们建立一个全局观，只有带着全局观去做事，才能减少返工的可能，减少意外的发生。

如果不跨出这一步，你就会陷入不停收拾、不停复乱的循环，根本没有办法彻底解决问题。那些躲在阴暗处的东西，并不会因为你的回避就此消失，它们只会继续蚕食你的空间，散发负面的能量。这就好像我们在看病的时候因为胆怯而不敢向医生坦诚所有的症状，头痛医头，脚痛医脚，最终必然影响治疗的效果。

清空没有什么技术含量，它只需要一种叫作"决心"的东西。

从某种意义上，它代表着直面所有真实，把好的、坏的、囤积的、遗忘的、被藏在角落的一切，都放到阳光之下。

现在，让你不敢触碰的一切不再是未知了。

不论这些"衣服山""书山""米仓""洗衣液军团"最后是把你吓了一跳，还是在你的预期之中，只要你看到了真实的现状，就跨出了也许是从来没有过的关键一步，接下来解决掉它也不会是什么难题了。

心法1

> 把要整理的同类物品全部拿出来，清空收纳场所，能够帮助我们对自己拥有的物品数量和收纳空间的特点有一个真实的认知。
>
> **所属步骤：清空**

搞定"不知道是什么东西"的东西

如果说清空是一种心理上的挑战，那么分类，就可能会出现操作上的困难了。

收纳要基于分类来做，让同类的物品尽可能待在一起。如果分类不合理，东西就会满屋子乱跑，日积月累，积重难返。

你怕分类吗？不，你怕的不是分类，而是分错了类。这个时候请跟我一起默念："放……轻……松……"分类其实是一件非常主观的事情，它是没有标准答案的。既然没有标准答案，又何来对错之分呢？

我相信，给衣物什么的做分类一定难不倒你，无非就是上装、下装、长袖、短袖、厚的、薄的…… 一眼就能看出来。会把你难倒的，是那些叫作"杂物"的东西。

什么是杂物？杂物是——各种各样杂乱的东西，无价值的小零碎物品。

"各种各样"，说明它们种类繁复；"杂乱"，说明它们自带无秩序属性；而最后那一句"无价值的"，更说明你很可能从来都没有意识到它们的存在。然而，正是这些毫不起眼的琐琐碎碎，成为我们家里陷入混乱的罪魁祸首。

你如果去问问杂物自己，它们一定会觉得很冤。自己明明有名字，有种类，有特点，怎么能用一个"杂"字就概括了呢？

我们之所以管杂物叫杂物，就是因为它们对于我们而言，是一堆"不知道是什么东西"的东西。我们给杂物分类，就是要把它们变成"知道是什么东西"的东西。

既然决定如何定位的，是我们会如何去使用和归位，那么给杂物分类，同样也取决于我们在生活中是怎么使用它们的。

杂物分类第 1 步：按"存在的理由"分

存在的理由就是"我为什么要留下它"，是功能上的需求，还是情感上的需求？

功能需求的目的是使用，你留着它，是因为你要活下去，要活得舒服，这跟你喜不喜欢它没有太大的关系；情感需求的目的是拥有，它们即使不能使用，只是看看，也能带给你好心情。

杂物分类第 2 步：对功能类，按"用具"和"用品"分

用具是指辅助我们完成某项工作，可以重复利用的工具；用品是指会随着使用变少的消耗品。锅碗瓢盆是用具，油盐酱醋是用品。拖把吸尘器是用具，洗衣粉清洁剂是用品……

杂物分类第 3 步：对情感类，按"收藏"和"展示"分

情感类物品可以分成"我要好好收藏起来"的纪念品，以及"我要天天看着它才高兴的"装饰品。

杂物分类第 4 步：对用品类，按"使用"和"备用"分

"使用"是你正在用的，"备用"是存储给将来或者给客人使用的。

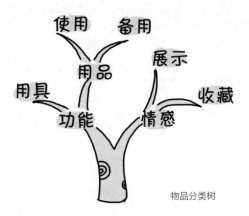

物品分类树

　　对事物的分类方式，从某种意义上代表了我们内心深处的世界观，它没有什么对错之分。判断分类方式是否合理只有一个标准，那就是它的使用者是否能做到"只需一秒钟就知道每个东西属于哪个分类"。

　　让自己轻松生活，才是我们整理的目标。

心法 2

　　分类就是给说不清道不明的物品做一个"定义"，它是分多次、分层次进行的工作。最适合你的分类方式就是你自己最容易记住的方式。

　　所属步骤：分类

处理信息类物品的万能三分法

走在大街上，有人随手塞过来一份传单；被拉去参加一个会议，得到了一份资料；办个会员卡，签署十几页的协议；甚至买个喝水的杯子，都可能会附赠好几页说明书和一打优惠券……

这些文件、通知、资料被我们带回家，然后就随手放进抽屉，或者直接扔在桌子上，过不了多久，就变成了一沓再也没有勇气去整理的纸了。

同样的数量下，对文件进行清点，比对衣物、鞋子、工具这些物品的清点要困难数十倍。这是因为，大部分的文件我们都需要去仔细阅读和分辨才能知道其中的内容。拿出一沓文件，光是搞清楚它们到底是什么，就过去了大半天。

为了不让自己走进这样的死胡同，你就要在拿到文件的那一刻开始行动——是否保留？放在哪里？下一步还需要做什么？这些问题如果不在当时就做出处理，几乎就永远都不可能再处理了。

能够支持你进行这种快速处理的，必须是一个简单好记的文件分类系统。

我也曾经为文件分类的琐碎和庞杂而头疼，直到有一天，我在《你早该这么玩 Excel》一书中找到了答案。我们都知道，根据不同行业的不同需求去设计不同格式的 Excel 表格是一件非常复杂的工作，但这本书提到了一种异想天开的概念——"天下第一表"。所有的信息其实都是具有相通属性的，无论什么行业，什么数据模型，都可以用"源数据表"加"分类汇总表"加"参数表"这三张表搞定。

这种化繁为简的方法同样可以帮助我们来应付各种文件。因为文件里包含的也是信息，从收纳的角度来说，信息的保留价值无非也是三种：待处理、处理完毕需存档、随时查阅。

文件第 1 类：流动的文件

流动的文件指的是那些有明确的进一步处理需求的文件。比如：尚未报销的医疗单据、等待填写的表格、需要转交给他人的资料等。它们适合收纳在拿取方便的地方，例如你的办公桌上。

文件第 2 类：存档的文件

存档的文件指的是那些已经处理完毕，但依然需要长期保存供查阅的文件。比如：学位证、结婚证等证件，走完流程的购房、购车、保险合同等，体检记录及历史医疗单据，已完成的学习笔记等。它们适合收纳在空间比较充足，但不一定特别方便的位置，例如你的文件柜里。

文件第 3 类：随时要用的参考文件

随时要用的参考文件指的是我们平时常常用到的一些参考资料。和流动的文件不同的是，它们没有特定的待处理需求；和存档的文件不同的是，它们的使用频率很高。比如：打印出来的宝宝辅食菜谱、常用联系人的资料、日常健身或饮食计划清单等。它们适合收纳在使用场所的附近，例如你的冰箱上、黑板上、格子间的墙壁上。

流动的文件　　存档的文件　　随时要用的参考文件

尚未报销的单据
等待填写的表格
要转交他人的资料
……

走完流程的合同
历史记录和单据
已经完成的会议或学习笔记
……

环境配置信息
常用联系人资料
一周菜谱
孩子的课程安排
……

万能的文件三分法

在这三大类的基础上，如有必要，我们再按照归属人、时间、功能等属性进行进一步的细分类就可以了。

这种以不变应万变的"万能的文件三分法"，几乎适用于工作场景和家庭生活场景中所有信息类物品。

心法3

任何像文件这样的信息类物品都可以按照我们使用它的方式分成流动、存档、参考三类，这样分类还能便于我们找到对应的收纳方式。

所属步骤：分类

扔垃圾不是"断舍离"

每到新年，大家都会在社交网络上晒自己的新年大扫除。"今天我又断舍离了！"每个人都这么说。

请先打开那些垃圾袋看看，我们扔掉的都是一些什么呢？写不出字的笔、发黄的白衬衣、坏掉的食物、皱巴巴的塑料袋、破掉的快递纸盒……

这可不是什么"断舍离"！

"断舍离"是由日本杂物管理师山下英子老师提出的，她告诉我们，可以借由舍弃物品，去发现内在的自我，找回人生决断力。

但是你要知道，能帮你找回人生决断力的，从来都不是现在垃圾袋里的这些发黄的衬衣和过期的食物，而是另外一些东西。比如，看了一半却再也读不下去的书、买回来没开封却觉得总有一天会用到的家用电器、孩子小时候的衣服、前任送的礼物、去世亲人的遗物……这些东西才是我们执念的根源，当我们能从容平静地面对它们，并做出决断性取舍的那一天，才算是摆脱了物品对自我的控制，真正成为自己的主人。

这才叫"断舍离"。

断舍离不是整理的起点，而是整理的终点。它也不是整理的标准答案，确切地说，它只是我们可能走到的终点之一。脱离对物品的执念是一种高级的自我修行，是一少部分人经过多次反复的练习才能达到的状态。

这种艰难的功课，对于刚开始动手做整理的你来说，根本就不需要；对于像我一样喜欢住在热气腾腾的家里的你来说，也根本就不是要去往的目的地。

你的起点是"扔掉本来就是垃圾的垃圾"。

就像你在每个新年大扫除做的一样，先把那些本来就无用的东西从家里清理出去。首当其冲的，就是那些五花八门的包装盒和包装袋……

很多时候我打开客户家的门，第一眼看见一大堆没有拆封的快递纸箱和各种包装盒，心里就已经有数了：只要把盒子扔掉，就能整洁一大半。

包装盒和它上面的信息，是一件物品作为商品存在时，为了吸引我们去购买的广告，或者是作为货物存在时，为了在运输过程中避免损坏的保护。当我们把它买回家以后，它就不再是商品，也不是货物了，包装盒也就没有了存在的必要。

这些大大超过物品本身体积、形状各异、五颜六色的盒子，不但浪费了我们大量的空间，也让我们的家看上去杂乱不堪。大多数时候，它们都不是合格的收纳工具。

很多人留着这些盒子，打算积攒一批之后去卖废品，那我们不妨先计算一下，用来存放这些废品的空间价值如何。我们把这些盒子堆在家里，就等于把自己的家租给了这些垃圾。对于大多数住在城市里的人来说，估计卖上几千年的废纸盒，都换不回一平方米的租金。

心法 4

你不需要强迫自己接受"断舍离"，先把家里无用的东西清理掉吧，比如那些包装盒和包装袋。我们要的是温暖而有品质的生活散发的"热气"，不是没用的东西散发的"怨气"。

所属步骤：取舍

决定了就不会后悔的四分法

扔完了"看起来就像垃圾的垃圾"之后，我们就要真的开始做"取舍"了！这时候难题才真正出现：很多东西你说要吧，又不怎么用得上，不怎么喜欢，也不知道该放在哪里；不要吧，又舍不得、可惜、下不去手。整理物品的时候，这样的判断会在脑海里重复无数次，那是一种心力交瘁的感受。

这种判断让人痛苦的根源在于，通常我们在筛选物品时，判断路径只有两条："要？还是不要？"

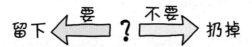

这个问题其实还蛮难的，非此即彼，不是 1 就是 0，没有任何缓解的余地。这会让我们陷入暂时性的情绪主导：因为无法面对不舍和愧疚的感觉，干脆就不扔；或者因为扔起来感觉很过瘾，就扔了算了。

要做出合理判断，就要尽量避免这种只以自己这一刻情绪为出发点的决定，而是真正让自己经历一个"决策"的过程。

日本的规划整理师，也是我的老师铃木尚子在她《收纳的艺术》这本书中，就提到了一种决策用的"四分法"，它把"取舍"这种单一维度的判断，升级为两个维度的判断，让做出的决定更加可靠。

最常用的四分法模型：

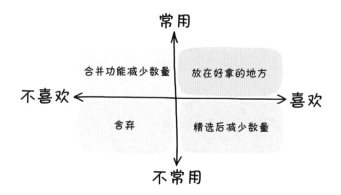

这是按照频率和喜好两个维度来决策的。

对于那些你既喜欢，又常用的东西，继续留着，放在最好拿的地方。

对于那些常用，但不是很喜欢的物品，像开瓶器、螺丝刀、清洁剂等，就通过合并它们的功能来减少数量。

对于只是喜欢，但不常用的的物品，比如纪念品之类，就进行"精选"，选出最喜欢的那些保留。

剩下那些既不喜欢，又不常用的，就毫不犹豫地舍弃吧。

你看，这样划分之后，对一件物品的"审判"是不是就可以不那么乱来了？说得出个所以然，心里也就踏实了许多。

除此之外，你还可以创造很多种不同的分法。

按照外形和功能分：

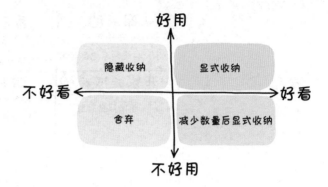

按照价格和功能分：

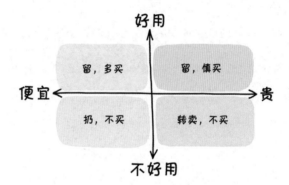

按照使用频率分：

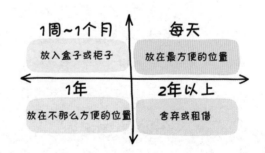

按照物品归属分：

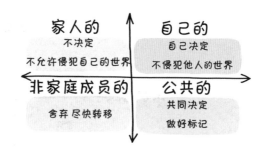

对于不同种类的物品，你可以选择不同的四分法。选择什么样的分法取决于，这类物品对你而言最困扰的属性是什么？如果总是对很贵的东西下不去手，就用"价格＋功能"，如果总是对好看的东西下不去手，就用"外形＋功能"。也就是说，这一切都是由你的价值观做出的判断，而不是一句简单的"要不要"。

整理之前，把四个象限画出来，再对每个象限内的物品，写出处理的原则。拿起每一件物品，把它放入所属的象限中去，然后根据原则自动判断。这不但能够让筛选的过程变得轻松，而且，在这种不会随着某一刻的情绪而变化的原则下做出决定，对于那些被我们扔掉的东西来说，也是一种尊重。

心法5

抛弃"扔还是不扔"这样简单粗暴又容易后悔的判断方法，根据你最重视的物品属性，把它们分到四个象限中，再做出不同的处理方式。法官大人，在审判你的物品之前，先把你公平公正的法典建立起来吧！

所属步骤：取舍

没人想要你的旧东西

把不再需要的物品"请"出家门的时候，你要面对几种选择：转卖、送人、捐赠，或丢弃。

很多人都跟我说，可以卖二手，可以送给朋友，就是不能直接扔掉。问他为什么，理由不外乎两个：挽回经济损失，或是物尽其用。

这两条理由，其实都是为了掩盖事实的假象。

拿经济损失来说，一件物品的经济成本，在买来它的时候我们就已经付出了。除非你买的是会随时间增值的古董，否则，不论你怎么操作，成本都是回不来的。只有一种方法可以拿回来其中一部分，那就是转卖二手，但是这个回来的比例一般也是很小的。很多时候，我们挽回的经济损失跟我们花在转卖这件事情上的时间成本相比，都不值一提。物品折旧的速度会随着时间的推移呈指数级的加快，这是价格规律，跟这个物品本身好不好用是两码事。

我们不承认世易时移，不承认变化的发生。我们不接受去为自己曾经的错误决定买单，也不接受自己曾经心动无比的事物如今会相看生厌。但不管我们承不承认，接不接受，都动摇不了躲在背后的时间的力量。

也有人会说："卖不掉就送人，但必须送给认识的人。"既然我们的目的是希望物尽其用，那么其实只要有人在用就好了，送给认识的人和不认识的人又有什么区别呢？我们会执着于想要送给朋友，其实还是在试图挽回损失，至少换回了一些友情。如果朋友正好需要自然最好，但如果只是把自己这种扔不掉东西的愧疚感强塞给他人，其实是非常不礼貌的。你不但换不回友情，还会损失掉友情。

如果东西没法送给认识的人，就会想到去捐赠。这些不要的衣服能够穿在那些衣不蔽体的人们身上，也不算浪费。这同样是我们的"臆想"。大多数接受捐赠的人，都更希望得到直接可以使用的金钱或者是新衣服，而不是那些你自己都不想穿的旧衣。

为了捐赠，我们可能要支付额外的邮费，需要专人上门收取，经过一系列复杂的流程之后，它们最后很可能还是进了垃圾箱。我们为了自己的心安理得，固执地要让无用之物经历捐赠这个过程，最后反而造成了极大的社会资源浪费。

真正需要的人，也许就在你的身边。直接把物品收拾妥当，装到一个盒子里，写上"自取"两个字，放在楼下垃圾桶旁边。它们很快就会被人拿走，继续发挥价值。

不要的衣服，直接让邻居们按需自取。

不要的玩具小车放在盒子里，让其他小朋友自取。

这个社会灵活的二手物资流动系统会自动启动，接下来，会有一大堆人在后面排着队转手，直到把它用到真的变成垃圾为止。

是否要舍弃，和怎么舍弃，是两个问题。一个是舍的决定，一个是舍的操作方式。卖不掉，送不掉，一件本来你不需要的东西就会变成需要的吗？答案是否定的。

心法6

"舍"的方式包括卖、送、赠、弃四种，不论你"舍"的操作方式是什么，都不应该反过来影响你"舍"的决定。选择一个对自己最快速高效的处理方式，才是对你而言最不浪费的方法。

所属步骤：取舍

你完全可以重感情

我的一个好朋友当了妈妈以后，她的婆婆拿出来了好多她先生小时候用过的物品给宝宝用。爸爸小时候用过的被子、爸爸小时候睡过的枕巾……有一天，奶奶甚至像变魔术一样拿出了爸爸小时候用过的马桶。

很多人做整理到极致，把过去的物品扔个精光，认为过去的物品，在过去的某个时刻带给过你幸福，就已经完成了使命。而它和当下的你，已经没有什么关系了。

但对于希望家里"热气腾腾"的我们来说，这种想法未免太过冷酷无情了。大多数的日子里，我们都在马不停蹄地向前跑着，过去的一切都被尘封在看不见的内心深处，仿佛早已被遗忘得干干净净。只有当我们偶尔翻开柜子看到那些旧物的时刻，沉睡的记忆才会被唤醒，那种重遇遗失的美好，是其他任何事情都替代不了的。如果没有旧物，很多事情可能再也不会被想起了。

然而，如果这些东西保留了太多，多到让我们的空间局促不堪，多到让我们无法去享受新时代、新技术带来的进步，多到让我们无法用买一件新物品的方式去表达我们的爱，就反而会成为一种负累了。

要解决旧物太多带来的困扰，我们首先要排除掉那些不属于"旧物"的东西。

家里的古董，或者一些可以随着时间升值的物品，应该作为贵重物品保留，它们不属于"旧物"；纯粹是为了满足某种功能需求，过去用过但现在和以后都确定用不上的东西，即使它本身没有损坏，也应该果断舍弃，而不是作为需要继续保留的"旧物"。

我们这里说的"旧物"，指的是因为它的情感价值而被保留的物品。

它可能并不贵重，甚至已经损坏，但就是有那么一种神奇的力量，你只要看它一眼就高兴，就能忘记一切烦恼，就能穿越时空回到过去，无论历经多长的岁月，它都是你的能量之源。

因为这种情感价值属性，注定了它必须是稀有的。宝宝出生时的第一缕毛发、第一件小衣服、第一双鞋子……珍藏起来，那它们是纪念品；但是把孩子从小到大所有穿过用过的东西都留着，就变成了囤积。这样囤个三年五载后，相信你每次翻开柜子看见它们的时候，也只会有重重压力，无法产生美好的感觉了。

你可以留着旧物，但请把它们精简到最少的数量，只有"少"的数量，才能体现"重"的价值。

这些经过我们精挑细选保留下来的"宝贝"们，就不应该再被胡乱一塞放在柜子里的某个角落。它们的收纳方式可以分为收藏法和展示法。

回忆物品收纳在书柜的高处。

我的回忆小盒子，装着小时候的日记本、录取通知书、朋友送的贺卡。

收藏法

那些容易损坏的，或者不那么美观的"宝贝"，用专门的盒子仔细收好，放在柜子的高处或者深处。

展示法

那些不怕损坏的、美观的"宝贝"，就直接把它们摆出来，挂出来，作为这个家独一无二的装饰，打造出充满能量的空间。

黑板墙上挂着小朋友的绘画作品。

心法7

你完全可以心安理得地保留一件已经没有使用价值的物品，前提是它能为你提供足够的情感价值，并且不会造成收纳上的困扰。

所属步骤：取舍

收纳心法 08

如果"屯"，请"有限屯"

你是否会因为特价、赠送、换购这些诱惑，在家里预备大量的卫生纸、牙膏、洗浴用品、调料食材等备用物品？

我们明明生活在一个就算想吃一串葡萄都可以在掏出手机十分钟之内送到你嘴里的时代，却总是像小松鼠一样，担心自己会突然面临物资匮乏的世界末日——家里只有两卷卫生纸了，真可怕呀！

对于消耗品，一定的备份是需要的，但是过度的囤积必然会浪费本来就已经很有限的空间。那些有保质期的消耗品，屯太多的后果往往就是还没有用就过期了。

你可以屯，但请把这个屯的数量保持在一个合理的限度。这三个因素决定你家消耗品备用量的限度：

第一，家庭人口数量。我的家里通常只有三口人，各种物品备用量都非常少，不需要储藏室，冰箱也是很小的一只。但只要逢年过节，长辈们来家里住上一段时间，吃穿用度都像得到了加速度，卫生纸和酱油瞬间被用光，不到 300L 的冰箱也立刻显得局促了……

第二，物品消耗速度。除了人多会加速消耗品的使用速度，不同的生活方式也会对它产生影响。我曾经和先生都是朝九晚五的上班族，晚上还在父母家吃饭，无论什么东西买上一次都可以用好久。自从我开始在家工作，肩负起自己的一日三餐和先生孩子的晚餐，各种物品的消耗速度也眼看着就快了起来。

第三，物品采购难度。在很多欧美大型超市在中国的连锁店里，我都惊讶地发现了很多超大量包装的物品，上百包一盒的卫生纸、5L 一桶的清洁剂，连西瓜都是五个起售。在地广人稀的地区，出门去超市采购是一件"大事"，一次多买一些很正常。但对于家里楼下就是卖场的你来说，就完全没有必要了。

大多数时候，家里的各种消耗品预备一个月到三个月的存量就够了，即使偶尔出现"家里只剩一卷卫生纸"的危机，相信你也能轻松化解。

如何确定一个月到三个月的存量是多少呢？试试去观察一下：一卷卫生纸多久用完？一瓶酱油多久用完？一瓶洗面奶多久用完？拿出小本本，记录一个大概的数

用固定容量的收纳筐存放备用纸巾。

字，很快你就会对采购物品的数量和频率胸有成竹了。

我曾经在一个上门整理的家庭里，从衣柜、阳台、洗手间、厨房各处找出十几瓶大桶的洗衣液，房子的主人自己也很惊讶，因为它们之前被分散在家里的各处，所以每次都会买新的，不知不觉就囤积了这么多。

所以，你可以用下面的收纳方法让自己做到"有限屯"：

第一，消耗品的备用部分和正在使用的部分分开存储，备用部分集中收纳在一个固定的位置，家里的任何人一眼就能知道还有多少，是否需要补充。

第二，这个收纳消耗品备用的空间容量必须是限定的，物品不能超出这个空间的范围蔓延到其他区域去，这样，从物理上你就确保了这种囤积一定是"有限"的。

心法 8

> 对消耗品可以预留一定数量的备份，但必须统一收纳在固定的位置，并用收纳工具的容量限制它的数量，避免过度购买。事先做好生活规划能帮助我们更好地把握这个数量。
>
> **所属步骤：取舍**

能不换季就不换季

为收纳感到困扰的人，大多数都有"换季"之痛。每到季节更替，就意味着无法逃避的一场大型整理运动：春天来临，把冬天的衣服一件件清理，放回到不常用的位置，再把春天的衣服搬出来，一件件挂起、折叠，放在方便拿取的地方；等到下一个季节，又要如此这般一番，让人不胜其烦。

如果你问我换季收纳该怎么做，我的答案就是：不换季！

从前我也是那样，每一次换季都重新整理衣服，后来发现了一个非常头疼的问题：很多衣服都处于模糊地带，你要给它定义一个合适的"归属季节"是很难的。一年四季的空调，让我们在室内已经感受不到换季，夏天有时候也需要穿着长袖的上衣，冬天有时候也会拿出薄连衣裙打底。除了类似于羽绒服、大衣这种特有的季节性衣物之外，其他衣服已经很难划分明确的季节了。更令人郁闷的是，有时候乍暖还寒，刚把一件衣服收好，又不得不重新翻出来穿。

除了衣服，对鞋子做换季收纳也有同样的问题。总是要把一堆鞋子搬进来，一堆鞋子搬出去，没完没了。天气渐暖时，单鞋不得不赶紧拿出来，但是这靴子是收起来还是不收起来呢？过两天会不会又倒春寒呢？想想就头大！

在各种现代化设施的支持下，我们的生活已经可以不换季了，那么我们的物品收纳方式也可以不换季。

如果在规划的时候，把方便拿取的位置留给当季的物品，不方便拿取的位

不换季的衣帽间，随时能找到想要的衣服。

置给过季的物品。你就会发现，所谓的"方便拿取"比"不方便拿取"，只是多了开一个门或者踮脚的时间，连三秒钟都不用。为了节省这三秒钟，我们一到换季，就得给一大堆东西挪动位置。真是得不偿失！

一个只要季节变换就要重新"定位"的收纳系统，结构必然是不稳定的。总是更新收纳的位置，给我们保持良好的归位习惯也增加了难度。

也许你会说："不换季的话，我没有那么大的地方啊！"这一点，在衣橱上体现得尤为明显。其实衣服放不放得下，跟是不是换季并没有太大的关系，收纳空间不足的问题，大多数时候是因为物品的数量超出了空间的容量。衣服按照厚薄，需要悬挂的悬挂，可以折叠的就叠起来放进抽屉。实在是想要换季收纳的话，也只需要在季节更替的时候，把抽屉们换个位置就可以了。

自从试行不换季策略后，衣橱整洁清爽了不说，因为随时都能拿到几乎所有的衣服，不会再出现"哎呀，刚把那件衣服收起来又想要穿"的尴尬，每天为自己搭配着装这件事情也变得更加愉快了。

对空间和收纳方式进行规划，背后的本质其实是对生活方式的规划。随着四季的流转，我们的生活状态一直在平滑而自然地进行着更新，并不存在那个泾渭分明的分界点，那又为何要给收纳方式去设置这样一个"置换"的节点呢？

心法 9

其按照季节来规划收纳的位置，不如按照整体的使用频率和物品的基本种类来做更加合理。

所属步骤：规划

什么样的空间都有用

在人、物品、空间这三者中，空间可能是最容易让我们感到无可奈何的了。先天的住宅格局、已有的家具设计，就像捆住双手的绳索，让我们无法去随心所欲地实现自己的理想。但事实上，眼前这些看似不可改变的限制，有的是真的，有的是假的。

房子里的承重墙是真的，但你可以拆掉没有承重功能的墙来拓展功能区；家具的柜体是真的，但你可以改造内部的结构让它变得更好用；暂时没有足够的钱换大房子是真的，但在小房子里，你也一样有方法可以让此时此刻就过得很舒服。

在一股脑儿把东西塞进柜子之前，我们不妨先来观察一下，这个空间有什么特点？相对于我们要收纳的物品来说，它是太高了、太深了，还是太宽？抑或是根本就没法用的畸零空间？

空间特性 1：高

当空间高度远高于要收纳的物品时，放得不够满浪费空间，放得太满又不方便。很多人会直接把东西一层层直接堆叠在一起，这样做的话，无论拿取还是归位都非常麻烦。

合理的收纳规划方式是：分层，让每一层的空间都可以独立使用，且高度能适配物品的高度。分层可以利用不同的工具自下往上、自上往下，或者用层板根据需要来划分。

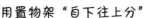
用置物架"自下往上分"

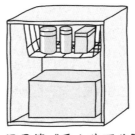
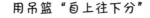
用吊篮"自上往下分"

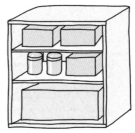
用层板"随心所欲分"

空间特性 2：深

如果一个家具的柜体很深，你会怎么去使用呢？如果是把东西一件一件地填塞进去，直到装满为止，那很可能最后的结果就是放在里面的东西被永远忘在了脑后。

合理的收纳规划方式是：拉伸，把里面的空间"拉"到你的眼前来。

用抽屉把里面的空间拉出

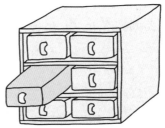
用带把手的收纳筐把里面的空间拉出

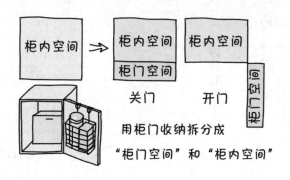

柜内空间 ⟶ 柜内空间 柜内空间

柜门空间

关门 开门 柜门空间

用柜门收纳拆分成

"柜门空间"和"柜内空间"

空间特性 3：宽

　　宽大的抽屉、层板或者台面，如果各种东西都是直接排列在上面，不管我们整理的时候分类多么清楚，摆得多么整齐，很快就会因为反复的拿取混成一团，无法管理。

　　合理的收纳规划方式是：分隔，用收纳工具来分割成小的区域。

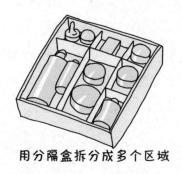

用分隔盒拆分成多个区域

空间特性 4：畸

　　家具和家具的缝隙、橱柜和墙壁的转角、水槽下方的不规则空间，使用起来很不方便，如果我们的物品都已经找到了更好用的位置，那不如把这些空间直接舍弃，这样做总比在使用的时候去难为自己要好得多。

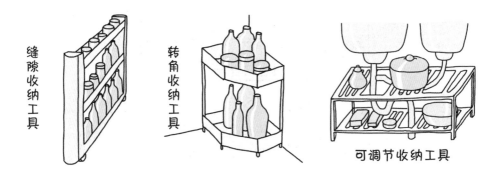

缝隙收纳工具

转角收纳工具

可调节收纳工具

但如果你家的收纳容量捉襟见肘，那就要学会巧用这些畸零空间。

需要提醒的是，虽然我们是从高、深、宽、畸这四个方面去分析空间特性，但你遇到的实际情况，很可能是好几个特性的叠加。一个又高又宽的柜子该怎么办？这取决于你要放进去的是什么东西。如果是几个拖把和吸尘器，那就要从宽度上进行拆分；如果是几十双鞋，那就要从高度上进行拆分；如果是两三个行李箱，那也许根本不用拆分。

归根结底，空间从来都不是主角，脱离了要收纳的物品去谈空间的利用是没有意义的；同样的，脱离了使用者本身去谈物品和空间也是没有意义的。"什么样的空间都有用"的前提是，你是真的需要"用"它。一个生活需求都被满足、物品都被妥善安置的家，就算房间里空着一个角落，柜子没有被塞满，又有什么要紧的呢？

心法 10

> 没有完全无用的空间，只有没被合理利用的空间。根据我们要收纳的物品，选择适当的收纳工具，就可以从高、深、宽、畸四个方面去进行空间上的规划。但别忘了，我们的目的从来都不是"榨干每一寸空间"。
>
> **所属步骤：规划**

不是什么样的盒子都好用

有了房子，在房子里摆上家具，然后把东西直接放进家具里去。在没有建立收纳意识之前，我们一直是这样做的。但是大部分的家具都只能提供框架，而无法针对具体的物品去提供合理的内部结构，这让我们日常维持整洁的工作变得非常烦琐。

因此，在家具内部，还需要我们自己再增加一种更细致的管理工具，那就是收纳盒。收纳盒指的不仅仅是一个"盒"，它其实包括了收纳盒、收纳筐、收纳箱、抽屉等各种用来装东西的容器。

如何挑选一款合适的收纳盒呢？

收纳盒原则 1：如果用来装电钻，就买带盖子的盒子。如果用来装每天都要用的剪刀，就不要买盖子

我们要知道买盒子是用来装什么东西，再开始选盒子。而不是看见盒子不错先买回来，再来决定装点儿什么东西好。剪刀使用频率很高，选择在使用方法上尽可能简单的容器。而那些使用频率非常低的物品，即使你用中国结绑起来，一年解开一次也不至于会有多大的麻烦。

常用的剪刀放在开放容器内。 　　　　　　　　　不常用的食材放在带盖的容器内。

收纳盒原则 2：除非特别明确用来装体积比较大的物品，大多数时候一个大约 15 厘米深的盒子会更好用

我们日常生活中需要收纳的物品大部分都是小体积的、琐碎的杂物，如果把它们一股脑儿扔在一个很深的盒子里，想用的时候就很难找出来了。

收纳盒原则 3：如果一定要选一个收纳神器，请选抽屉

虽然浅的收纳盒好用，但往往我们柜子里的空间都比较高，只放一个浅盒子，岂不是上面都要白白浪费了？想要利用垂直空间，就要把平房改造成电梯房。把带盖子的收纳盒一层一层摞起来，用的时候搬来搬去，那可不叫电梯房。能够实现电梯房的最常用工具，就是抽屉。只有它可以做到随时随刻，想拿哪层就拿哪层。

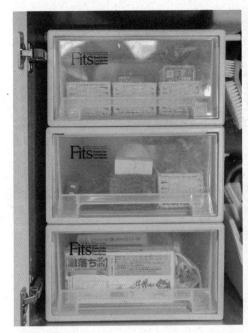

抽屉的使用场景非常广泛。

水果放在草编筐里，更显食材之美。

收纳盒原则 4：像为物品选择男朋友一样，选择收纳它的容器材质

收纳盒的材质五花八门，除了考虑外观上的个人喜好，更重要的是选择跟我们要收纳的物品材质更贴近的那种。收纳衣物就用布艺，收纳文件就用纸盒，收纳不怕水的清洁用品就用同样不怕水的塑料，收纳食物就用竹筐草筐……让收纳工具像最般配的男朋友一样去呵护我们的物品。

收纳盒原则 5：尽量不要选择第一眼就让你激动得想下单的收纳盒

能让你惊呼"居然还有这种东西"，那么它一定并不常见，只是为了某些特殊需求而开发的。这样的工具往往不具备普遍适用性，因为设计复杂，使用寿命相对也比较短。真正的"神器"都是第一眼看上去其貌不扬的。最好用的收纳盒往往都没有奇异的造

好用的收纳工具往往造型都很简洁。

不一定非要（也很难做到）把空间利用到100%。

型和复杂的机关，但是却能够适配多种使用场景，结实方便。

收纳盒原则 6：你几乎不可能找到把空间利用到 100% 的收纳工具

如果你曾经尝试过就会发现，要选择一个尺寸完全和家具、物品相匹配的收纳盒其实很难。但这并不是我们的目标，只要自己收纳的需求被满足了，物品都居有定所，好拿好用，柜子里左右空了几个厘米，收纳盒上边空了个几厘米，抽屉没有被塞满，都不是什么问题。

心法 11

　　收纳盒不是多余的存在，而是让我们的收纳系统易于维持的必不可少的工具。最好用的收纳盒往往是设计简单、低调朴实的。

　　所属步骤：规划

少走一步是一步

我们待在家里，做饭吃饭、洗涮晾晒、学习玩耍，时刻都处在一个活动的状态当中。如果收纳和我们的活动路线没有很好地配合，就会造成你每天在家里多走冤枉路，多做无用功。

我们正在进行的"定位"工作虽然看起来是静态的，但只要做好了，就能解决大部分动态过程中遇到的麻烦。和收纳有关的动线规划主要有下面几个原则：

动线原则 1：少走一步是一步

收纳动线的目标是尽量短。你在什么地方做什么事情，与之相关的那些最常用的东西，就放在你做这件事情的位置附近。如果不假思索地把东西放得老远，然后想当然自己会每次都走过去拿，结果必然还是会随手放在使用它的位置附近。"懒"是我们的天性，想要在归位的时候少一些阻力，我们就要在定位的时候去惯着自己的天性，而不是去挑战它。

动线原则 2：坚守你的功能分区

你正好有个东西要放，那里正好有个抽屉空着，于是管它三七二十一先塞了进去。现在开始，请彻底抛弃这样的做法，它迟早会让你在家的动线变得复杂而冗长。

儿童房的游戏功能区，收纳所有的玩具。

把你的家按照"在这里干什么"分为不同的区域，例如玄关、饮食、清洁、休息、学习、亲子活动等。即使再小的房间，这个划分也是可以做到的。给物品定位的时候，属于哪个功能分区就分配给哪个分区，如果放不下，就对原有的规划进行局部调整。

动线原则 3："拿取"和"归位"矛盾时，让"归位"容易一些

如果你的洗衣机和晾晒区是分开的，用来运送洗完衣服的篮子是放在洗衣机附近，还是放在晾晒区附近？如果放在洗衣机附近，就是洗完直接装好去晾晒，但是晒完了要把篮子拿回洗衣机附近；如果是放在晾晒区，那就是每次要去晾晒区拿篮子，再到洗衣机位置装衣服，但是晾晒完之后只需要直接放在旁边就可以了。

当"拿取"和"归位"矛盾时，让"归位"容易一些，这是因为，"拿取"是你

晾衣篮收纳在最后一个动作结束的位置，让归位尽可能简单。

不得不做的事情，即使麻烦一点儿你也一定会去完成，但"归位"却不是。

因此，我把这个篮子"定位"在晾晒区，归位动线为零，几乎没有失败的可能。

动线原则 4：高频路线缩短路径

洗手间的分区，上厕所更靠外还是洗澡更靠外？上厕所，因为它发生的频率比洗澡高多了。卧室的衣橱靠门口，还是床靠门口？衣橱，因为你跟衣服打交道的频率比睡觉的频率高多了。

做得越频繁的事情，越要尽可能缩短你在家里移动的距离。

动线原则 5：客人客物缩短路径

客人到了，不要让人家还得经过你家的餐区，参观完你没有整理的床铺，才能坐下；在家里暂存的物品，尽量收纳在靠近门口的位置；在玄关放一把拆快递的小刀，快递盒这种不应该进入家门的物品，直接在玄关就解决，不要请它进来走一趟了。

心法 12

收纳规划要依据人在空间里的活动路线来进行，目标就是让"使用"和"归位"时的路线尽可能地缩短。

所属步骤：规划

在玄关就把快递盒子拆开并处理。

"多久用一次"是个好问题

不知道该把一样东西放哪里时，请先问自己一个问题："多久用一次？"

这个问题的答案基本上可以分为三种：

每天都要用一次以上的，例如剪刀、餐具、拖鞋……

每周要用一次左右的，例如烘焙工具、每周更换的床单、孩子周末上课外班的器材……

一个月甚至更长时间才会用一次的，例如圣诞树、滑雪服、被褥……

我们按照这三种频率把它们分别定义为：常用、次常用、不常用。

常用　　　次常用　　　不常用

能把家里所有的东西都放在特别方便的位置当然是最好的，但这很难实现。假设你每天坐在一个固定的位置，围绕着你的是一圈低矮的储物柜，那么所有要用到的东西，都可以像挂在脖子上的大饼一样唾手可得。但我们大多数人拥有的空间和物品都远远超出了这个数量，面积越大，柜子越多，收纳位置在便利性上的差异就会越大。

　　那些一个月以上才会用到的东西，即使放在不那么便利的地方，每次归位要用上十分钟，对我们来说也不会造成多大的困扰。给使用频率最高的那些物品找到最便利的位置才是重点。

　　什么位置是便利的呢？这要用你的手去丈量。

　　如果是一个柜子，就是你站在它的面前，伸出你的手，不需要踮脚，不需要蹲下，不会被柜门、房门或者其他什么东西遮挡，直接就能够到的这个区域，就是最方便的位置，可以用来收纳最常用的物品；需要蹲下才能够着的区域，就是次方便的位置，可以用来收纳次常用的物品；而那些需要踩一个凳子或者梯子才能够着的地方，就是最不方便的位置，可以用来收纳不常用的物品。

如果你是在整理办公室，那就坐在你的椅子上，伸手就能够到的桌面、直接就能拉开的抽屉，就是最方便的位置，可以用来收纳每天都要用的纸笔工具；需要弯下腰才能拉开的下方抽屉，就是次方便的位置，可以用来收纳每周用一两次的文件夹；需要站起来、甚至拐个弯才能拿到的吊柜，是最不方便位置，可以用来收纳偶尔才会用到的存档资料。

总之，试着去体验一下你在这个空间的活动，找到你最舒服、最快捷、一个动作就能拿到东西的地方。它就是收纳的黄金区域，是为那些你最常用的物品而准备的。它们能不能被利用好，决定了你的空间是否能在日复一日的使用中保持住它原有的秩序。

从动线上来说，收纳位置的便利性是和使用场所的距离成反比的，我们总是希望"少走一步是一步"。对于同样的距离来说，收纳位置的便利性是和使用及归位动作的复杂程度成反比的，我们也总是希望"少动一下是一下"。

心法 13

如果说动线代表了人和空间的效率关系，那么使用频率就代表了人和物品的效率关系。请优先把高效的空间分配给使用高频的物品。

所属步骤：规划

提高你家的"信噪比"

有朋友来我家做客，一进门就跟我说："你家怎么没有东西呢？"我很纳闷，各种杂物琳琅满目，怎么没有东西？这不都是东西吗？后来我才明白，他所说的没有东西，指的是没有感受到带给他"混乱"感的东西，也就是说，这个家的"信噪比"很高。

"信噪比"也许对你来说很陌生，它是我曾经工作中频繁接触的一个词语，是通信系统质量的主要技术指标。如字面上的意思，指的是有用的信息和无用的噪音的比值。

在你的家里，看起来很有秩序感的东西就是"信"，带来杂乱感的东西就是"噪"，不论东西数量多少、放在哪里，只要这个比值低，你就会觉得家里乱糟糟。收纳规划的终极目标，并不是把东西扔光，而是尽可能提高家庭环境的信噪比，打造出有秩序的感受。

"高信噪比"方法 1：采用相同款式和颜色的收纳工具

杂物本身已经是形状各异，颜色不同，自带信息的"噪音"了，我们如果用收纳盒把它们装起来，这样从视觉上看起来，就相当于把"噪音"都给藏起来了。

如果挑选收纳工具的时候，今天买这个，明天买那个，这些五花八门的盒子本身就成了混乱的罪魁祸首。想要提高家的"信噪比"，收纳工具本身的

款式颜色统一的替换瓶，可以大大降低容器的信息噪音。　　留出一些空白的区域，摆放喜爱的装饰品。

存在感越低越好。从颜色来说，黑、白、灰、木色比彩色的存在感更低，从形状来说，正方形、长方形比圆形和其他不规则形状的存在感更低。

即使什么都不做，只是把衣架置换成统一的款式，你的衣橱看起来也会瞬间变得整洁漂亮。

在满足功能的前提下，尽可能在家里使用同一品牌、同一款式的收纳工具，可以最大程度上屏蔽掉不想要的"噪音"。

"高信噪比"方法 2：有意识地留白

留白是艺术创作中的一种手法，真正的大师很少把自己的作品塞得过满过实，总是会留下相应的空白，给观众以想象的空间。

"断舍离"倡导大家在收纳时采用七五一法则：看不见的收纳七成满，看得见的收纳五成满，展示收纳一成满。如果东西实在太多，做不到这个比例，那么柜子里尽管塞满一些，没有关系。但要减少开放式收纳，那些直接就能拿到的位置只留给最常用的物品。最后那些纯粹是为了"好看"而摆在外面的物品则要尽可能少而精，让每一件展示品都体现其独一无二的高贵价值。剩下的空间即使是空着，也不要随意堆放。

"高信噪比"方法 3：亲自去建立家里的收纳系统

你在一个喧嚣的派对上，周围充斥着震耳欲聋的音乐、谈话、酒杯碰撞的声音……突然离你很远的两个人提到了你的名字，声音很小，但那几个字却突破重重噪音跑进了你的耳朵——这就是著名的"鸡尾酒会效应"。

你的名字是你非常熟悉的内容，它时刻存在于你的脑子里。而人的大脑，具有一种"对熟悉事物的迅速再认"的功能。

家里放眼望去，全是乱七八糟的物品，想找一样东西怎么都找不到。正是因为你对自己的家有些什么，它们都放在哪儿一点都不熟悉。

建立一个收纳系统，用自己的头脑和双手去完成对每件物品的定位。经由这个过程，你就可以像鸡尾酒会效应一样突破信噪比的瓶颈，即使是一件零碎的小东西，也不会因为它的"信号"太弱，而怎么都找不到了。

心法 14

> "整齐美观"是一种视觉上的感受，通过统一工具、适当留白、亲自参与的方式，即使在同一个房子里收纳同样的一些物品，也可以看上去更美。
>
> **所属步骤：规划**

直立是一种魔法

十件衣服要放进衣柜里,该怎么放?这还用说吗?当然是先放一件,再放一件……一层一层摆上去啊,我们在服装卖场里看到的就是这样啊。但你也许没想到,正是这种大多数人习以为常的"堆叠"收纳方法,让我们陷入"整了又乱,乱了又整"的死循环。

物品如果是层层堆叠在一起,一件压着一件,放的时候没什么问题,看起来也很整齐,用的时候问题就来了。当你需要拿放在下面的东西时,就不得不进行这么几个动作:先把上面的东西挪走,然后拿出想要的东西,再把上面的东西放回。这一系列动作操作麻烦不说,反复的挪动和搬运中,一个不小心就会把原本叠放整齐的东西弄乱了。放在下面的东西还总是会找不到,甚至就被忘干净了。

在服装卖场里,堆叠的衣物之所以能维持整洁,是因为有专门的工作人员在负责这样的工作,但是在你家里,这个人可能就是你自己呀!

采用直立收纳法,就能解救你于"卖场服务生"的窘境中:让物品尽可能采用竖直的姿势放入收纳盒、抽屉或者柜体中去。以衣物为例,我们可以把它们先折叠成长方形,再折叠成长方体,然后一件一件竖着放到抽屉里。

这样直立收纳的好处在于,可以让物品一目了然,相互独立。

一目了然指的是,物品之间没有相互遮挡,一眼看过去就知道有些什

衣物的直立折叠

么东西；相互独立指的是，当我们需要拿一样东西出来的时候，可以完全不影响旁边其他的东西。

想想我们在大型图书馆看到的场景吧，所有的书是不是都是以"一目了然，相互独立"的方式直立收纳？只有这样，才能同时容纳成百上千人在其中查找翻阅而不会乱成一锅粥。

使用某件物品时，对整体秩序的影响被减到了最低，自然也就大大减少了维护的成本。不得不说，这么简单的一个动作切换，就是让收纳变轻松的魔法！

自从体会了直立收纳的好处，我就在这条路上一发不可收拾起来，衣服、袜子、

面膜的直立收纳

药品、文具、咖啡包……只要能站着，坚决不躺着。甚至每天使用的面膜，我都是竖着放进盒子里去的，今天用保湿的，明天用美白的，随心所欲拿出自己想要的那一张。

最后要提醒的是，并不是所有的场合都必须用直立收纳法，对于一模一样只是在数量上重复的物品，例如家里备用的纸巾、香皂，就完全可以采用堆叠收纳法。因为，此类物品我们都是一件一件按顺序拿出来使用的，不会出现挪动和翻找的情况。

心法 15

如果说"定位"就是给物品找到它的家，那么在这个家里，请让它们尽可能"站着"，而不是"躺着"，使用和归位才会更方便。

所属步骤：放置

先放石头，再放沙子

老师拿出一个玻璃瓶，再取出一堆石头，把石头一块块放进玻璃瓶里，直到再也放不下了，接着拿出一桶小一些的砾石倒进去，填满了下面石块的间隙，然后又拿出一桶沙子，用沙子填满了石块和砾石的间隙。

这是时间管理课堂上非常经典的一个案例，它的意思是：如果你不先放大石块，那你就再也不能把它放进瓶子里。

在为客户做上门整理的时候，无论有多少琐碎的杂物，多么积重难返的囤积，都难不倒我们。能阻碍我们的整理工作顺利完成的，往往都是那些堆在墙角、从来没有规划过收纳位置、但又必须保留下来的大件物品，或者用不上了的大件家具。

对空间的有效利用来说，由大入小是易如反掌的事情，只需根据要收纳的物品进行分隔，采用适当的收纳工具来支持就可以了。但由小入大却难于上青天，很多家具内部格局因为承重设计的限制无法拆除，更不用说去改变整个住宅的一些既定结构了。

因此，如果你正准备开始往屋子里塞各种各样的东西，不妨停下来，先找到那些体积巨大的物品，把它们安置好再说。这和先往瓶子里放石头再放沙子的操作是一个原理，它的好处不仅在于可以充分利用每一寸空间，更重要的是：此时不放，就很可能再也没地方放了。

大体积物品有哪些呢？幸运的是，它们不像小杂物那么琐碎，大部分都是我们可以预先就确认的东西。例如：行李箱、梯子、婴儿车、圣诞树、被褥、落地电扇或电暖气（如果换季的时候想要收起来的话），等等。

　　日常出门使用的大件物品如行李箱、婴儿车，如果玄关空间充足，收纳在这里是最合理的。这就表示我们不能管他三七二十一直接就在玄关装个大大的柜子，然后在大柜子里装上各种分隔，把收纳空间拆个七零八碎。而是要先预留出一个没有收纳柜的空间，或者上方安装收纳柜，下方预留一个可以正好放入这些大件物品的完整空间。然后再考虑剩下的空间如何拆分，用于收纳那些小件的物品。

　　大部分的家庭里，大件物品都是收纳在储藏室之类的地方。因此，我们在给储藏室定制储物柜时，也要预留这些大件物品的位置。有些家庭因为在一开始没有考虑到这一点，最后只能把行李箱、电扇这些东西堆放在储藏室中间的地面上，以至

柜体内部设置排钻孔，可以对空间自由调整。

于整个储藏室被完全填满，根本没有办法走进去拿东西了。

如果事先无法确定尺寸，也可以把储藏室做成可灵活调节高度的收纳空间。可以自由 DIY 的墙面置物架，或者柜体内部设置排钻孔用于调节层板高度，都可以满足这样的需求。

除了预留好收纳空间之外，往家里添置体积特别大的家具或者物品的时候也要慎之又慎，在决定下单之前，先想好一个问题：买回来放在哪里？要知道，买点儿沙子可以当作乐趣，买大石头，则很容易砸到自己的脚呢！

心法 16

把物品放入收纳空间的时候，先考虑大体积物品，再考虑小体积物品。

所属步骤：放置

让它们都能被看见

我常常问客户一个问题:"好看和方便,你选哪个?"大多数时候得到的回答都是:"两个都要!"

一个理想的收纳方案当然是要尽量去兼顾二者的,但在特定的问题上,我们却不得不在好看和方便当中做出取舍。把东西都放在外面一定很方便,但势必带来视觉信息的过载,看上去显得乱一些;把东西都关在柜子里,表面一定很整洁,怎么都不会太难看,但使用和归位就会麻烦。

拿我自己来说,我会选择把"方便"放在第一位,一方面是因为我太"懒",只有建立在方便基础之上的美观,对我来说才是可以维持的;另一方面是因为我是个追求"热气腾腾"的居住者,开放式的收纳对我来说是一种生活的气息。

如果你也和我一样,希望一切尽可能地方便,就要多采用"看得见"的收纳。

"看得见"的收纳主要体现在以下方面:

第一,能不做柜门的就不做柜门。衣柜门用布帘代替,书柜直接没有门,用置物架代替收纳柜……无论是使用还是归位,都直接减少掉了"开门"这个动作。

开放式的书柜便于拿取和归位。

小朋友的文具收纳在一眼可见的盒子里。

　　第二，尽量使用没有盖子的收纳盒。在家居用品卖场我常常看到很多人一次性购买许多带盖子的收纳盒，但实际上它们只适用于放在储物间收纳不太常用的物品。每天都常常要用到的东西，如果放在带盖子的盒子里，就会变成"看不见"的存在。

　　如果必须有盖子，那就用透明盒。为了隔绝灰尘，有时不得不使用带盖的收纳盒，那就尽量去选择透明的、一眼就能看到内容物的款式。

　　即使这些方案都不行，出于种种原因，你不得不把东西都放到不透明的、带盖子的盒子里，我们依然有方法可以让它们"被看见"，那就是在外面贴上指明内容物的标签。

　　贴上标签之后，我们不需要打开柜门或盖子就能直接知道里面放了些什么，也不需要把分类的方式、收纳的位置都记在脑子里，解放双手的同时还能解放大脑。

　　归位的时候，标签也会在无形中提醒我们不要乱放。大多数人都不会在明明有规则的时候去故意破坏规则，会随处乱塞的一个很重要的原因，其实是因为人们总

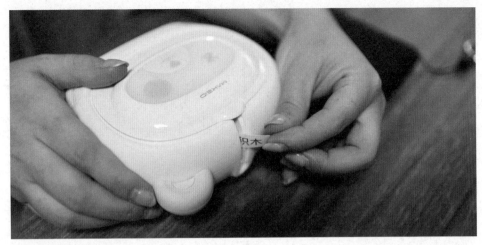

既要"藏起来"又要"看得见",那就贴标签。

是觉得"这里看起来没什么规则啊"。

一张小小的标签,就把看不见的规则,变成了看得见的规则。

我们并不需要在家里各处都贴满标签,把家里弄得像个大卖场。只要在下面几个场景下发挥好标签的威力,就能达到奇效。

标签场景 1: 家庭人口很多时,对公共物品做标签

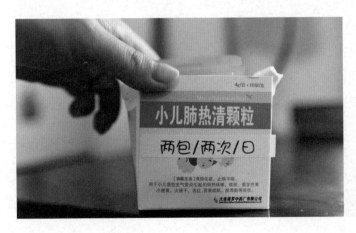

标签场景 2：文件资料等，一眼看不出是什么类别的物品贴上标签

标签场景 3：物品的收纳方式被重新规划后，贴上标签，熟悉新的位置之后
再去掉

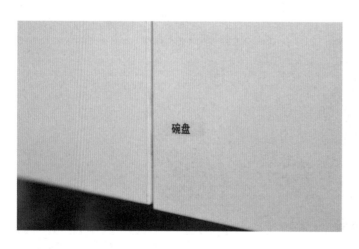

标签场景 4：孩子的物品贴标签，增加乐趣，引导他养成良好的生活习惯

心法 17

　　开放式收纳盒、透明收纳盒、贴标签，都是"看得见"的收纳。这样做可以让我们在使用物品的时候，直接就去"拿"，而不是去"找"；在给物品归位的时候，直接就去"放"，而不是去"想"。有了"易于维持的整洁"这个坚实的基础，"好看"的目标还会远吗？

　　所属步骤：放置

别忘了你的墙

曾经有来上整理收纳课的学员非常苦恼地跟我说:"家里买了扫地机器人,但是一点儿都不好用。"

我很纳闷,我的家里也有扫地机器人,只需把电源打开它就能自己工作,我坐在旁边喝喝茶、看看书的工夫,家里就干干净净了,没什么问题呀。

她解释说:"机器人走到哪里,我就得跟到哪里,先把地上的东西挪开,等它清扫完再放回去,在家里打扫一通下来,我比它还累。"

我想你应该知道问题出在哪里了:地上堆积的杂物越多,扫地机器人工作就越不顺畅,需要我们的协助也就越多。请保洁阿姨也是一样,如果你的餐桌上摆满了瓶瓶罐罐,地上堆满了杂物,保洁阿姨打扫桌面和地面之前,也需要花大量时间先把这些东西一个一个挪走。

在收纳规划的时候要尽可能地把障碍去除掉,才能让"清洁"工作进行得更顺利,即使是外包给机器人或者保洁人员,也可以让他们的工作更高效。

更重要的是,在我们家里,并不是所有的地方都是收纳空间,书桌是用来看书写字的,餐桌是用来吃饭的,厨房台面是用来切菜的,地面是用来走路的……这些位置都有自己承担的功能,并不是为了收纳物品而存在的。我们尽量不在上面摆放物品,做到"台面无物"和"地面无物",不但清洁起来更方便,我们的日常活动也会更顺畅更舒服。

如果我们的柜子里已经装满，无法把这些东西放进去，或者说，有些经常要使用的东西就是要放在外面，该怎么办呢？

别忘了，"墙"也是很好用的收纳空间！

利用墙面进行收纳有点、线、面三种方式，点指的是挂钩和钉子，适合收纳比较轻便的小工具；线指的是挂杆，适合收纳毛巾、抹布之类的物品；面指的是置物架、洞洞板、铁网格等，适合收纳数量比较多的杂物，通常还需要配合收纳盒和挂钩来使用。

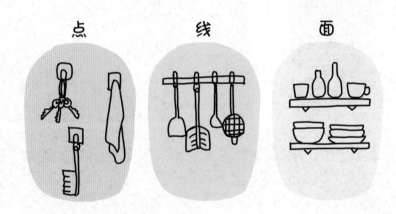

把墙面这个竖直空间利用好，不但大大增加了家里的收纳容量，还能把桌面和地面空出来方便打扫，把物品直接收纳在使用场所的附近，方便拿取和归位，可以说是"一举三得"！

体会到了这些好处之后，我变成了一个"上墙狂人"，在家里用上了各种置物架、挂杆、粘钩，把琐碎杂物通通挂了起来。

曾经扔在厨房地上的擦地抹布和拖鞋，扫地机器人工作的时候会把它们推来推去，立刻上墙。

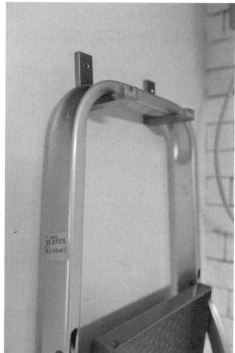

1 2

3

1/ 厨房的拖鞋收纳在墙面挂杆上。

3/ 洗手间的拖鞋收纳在墙面挂杆上。

2/ 梯子用挂钩挂在墙上,把地面空出来。

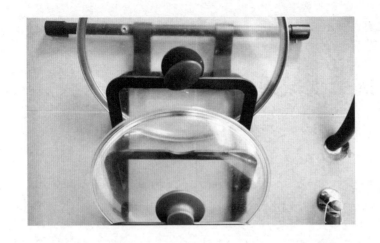

4 / 锅盖收纳在墙面的锅盖置物架上。

曾经放在洗手间地上洗澡时穿的拖鞋，冲洗地面的时候是个障碍，立刻上墙。

曾经放在角落看起来并不碍事的梯子，放在地上会造成清洁死角，立刻上墙。

在厨房"战场"上随拿随放的锅盖，转身就放在身后墙面的专用架子上。

我的目标是：家里的地上除了床腿、桌子腿、椅子腿和我的腿，什么都没有！除了我要舒服，家人要舒服，扫地机器人也要舒服！

心法18

利用挂钩、挂杆、置物架，把墙面利用起来。这不但可以大大扩展我们家里的收纳容量，还可以把我们的桌面、台面、地面都空出来，方便操作，也利于清洁。

所属步骤：放置

固定你的劳动成果

充电线、耳机线、连接线……这些每天都要频繁用到，却最容易变得一团糟的"线"，大概算是我们家里最难收拾的物品之一了吧。

为了搞定它们，我尝试过小耳机包、各种绕线器，还用废弃纸巾筒做过专门的电线收纳小仓库，结果不是整理起来太麻烦，就是把电线的接口给折坏了。最后我才发现，想要收纳好这些线，最重要的其实只有一点——让它们不要缠绕在一起。

现在在我的家里，它们都是被简单卷起来之后，再用夹子夹住，或者用绑线带捆好，随意扔在一个盒子里，或者直接挂在挂钩上，无论使用还是归位都非常轻松，也再没有出现折断、缠绕不清的状况。

像充电线这样的东西，如果你不去固定，这一刻收拾得再端庄，下一秒也会有一种神奇的力量把它们纠缠在一起。只要最后进行了固定，就算是随手一扔也不怕。

电器不用的时候，拔下来的插头无处可去，只能随手放在桌面，或者直接垂挂在那里，看上去非常不美观。把它们固定在插头挂钩上，使用的时候就方便多了。

使用位置距离电源较远的电源线也有同样的问题，一个不小心就会到处乱跑。用固线器把它们固定在墙面或者家具上，让它们按照我们预先设定的路线

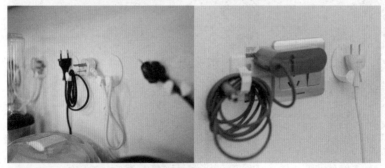

1
2
3
4

1 / 电线收纳的秘诀就是让它们不要缠绕在一起。

2 / 固定好的线，即使随意扔在一起也不会乱。

3 / 电源插头都固定在专用的挂钩上，不再到处乱跑。

4 / 行走的电线固定在墙面上。

1
2 3

1/ 完成细分类后，用分隔盒固定分类的成果。

2/ 直立收纳的物品可以用书立协助维持。

3/ 塞到柜子里的雨伞，用挂钩固定在内壁。

"行进"，既不会缠绕，也不会掉在地面上给清洁工作造成干扰，看起来也非常清爽。

我们对物品进行了细致的分类，让它们都和自己的同类待在一起，但是随着频繁的使用和归位，开抽屉关抽屉，拿盒子放盒子，很快它们就又会混在一起。所以，完成分类并不是结束，固定分类才算完成了收纳。

直立收纳是神奇的魔法，但总有一些东西没法自己"站起来"，这时候也可以用工具把它们固定在"直立"的姿势。文件盒、书立、碗盘沥水架都有这样的功能。

在我家玄关柜这个空间里，同时收纳了雨伞、球拍、行李箱，直接一个个塞进去本来也无妨，但我还是强迫症一般地把雨伞和球拍都固定在了单独的钩子上，这样拿一样东西的时候，其他东西就不会东倒西歪了。它们相安无事，我自己则又省掉了一个小麻烦。

在收纳完成后进行这些"固定"的操作，并不是因为物品本身长了脚，会到处乱跑，而是因为我们自己"使用"物品的动作，会很容易破坏它原有的状态。这也恰好印证了，我们在"定位"阶段所做的一切，都是为更好地"使用"和"归位"而服务的。

心法 19

收拾整齐不是结束，后面还有一个至关重要的动作，那就是在工具辅助下固定我们的劳动成果，就像每次做发型的最后一步都是喷上定型药水一样。

所属步骤：放置

托盘里的生活场景

日本的收纳达人本多沙织在她《生活的基本》一书中，把整理收纳和生活的关系解释为"场景的准备"。生活中出现"想要做这个吧"的想法就能立刻开始，物品永远都是随时准备发挥作用的"准备就绪"的状态，物品的收纳方法能够让它的功能被最大限度地发挥。

你知道吗，这样的"生活场景"，是可以装在一个个"托盘"里的。

熏香托盘：精油、香氛、用来点线香的香托……

睡前托盘：眼药水、眼罩、耳机……

洗脸托盘：发绳、眼镜、饰品……

日常托盘：充电线、公交卡、发绳、手表……

很多人都觉得，托盘的存在仅仅是为了好看。东西直接放在那里不就好了，何必还非要加上一个盘子？如果你也这样想，那可真是低估了它的作用。

首先，它们构成了一个个随时"准备就绪"的生活场景，那些随手想要放下却不知道放哪里去的东西，都有了容身之所。

其次，当你想要变换使用场所的时候，比如，今天想在客厅里点香，明天想去书房里试试，又不想在家里到处都安置一套工具的话，就可以用托盘整个端起来就走。

香薰托盘

1
2 3

1/ 睡前托盘

2/ "随手放" 日常托盘

3/ 洗脸托盘

　　从这一点上来说，一个带轮子的小推车和"端起来就走"的托盘有着异曲同工之妙。那些可能在家里多个位置进行的活动，比如说，想要随手翻阅几本书，就可以把常看的书放在小推车里，晚上推到卧室，白天推到阳台；家里有了刚出生的宝宝，随时要换尿布，要擦口水，就可以把孩子的纸尿裤、口水巾、湿纸巾、小玩具都装在一个小推车里，孩子在哪儿，东西就在哪儿；刚刚装修，经常要进行家庭维修工作的时候，可以把螺丝刀、电钻这些工具都装在推车里，修到哪里，工具跟到哪里……用可移动的收纳工具，创造出"物品跟着人走"的使用场景。

除此之外，让台面易于清洁也是托盘的功劳。你是否经常因为要挪开各种摆在桌面的物品，而不愿意进行彻底的清洁工作？如果实在无法做到台面无物，至少可以把散落在桌面的东西装到一个托盘里，这样的话，清洁的时候就可以整体移动，而不需要一个一个拿开、放回那么烦琐了。

"随手乱放"这个习惯的存在，一直都是我们保持整洁的天敌。很多时候我们正是因为看见桌子上、柜子上已经放了一些杂乱的小东西，就跟自己说："反正已经这样了，我再多放一个也无妨吧。"于是杂物越积越多，直到变得无法收拾。这就是传说中的"破窗效应"。

这个时候只要增加一个托盘，哪怕只是把琐碎的小东西都扔到托盘里，也能给我们一种潜在暗示："这里是做好收纳了的哦！"以此来提醒我们不要随手乱扔。

心法20

把琐碎杂物装进一个托盘里，把做同一件事情要用到的东西装进一个托盘里，它是个看起来有点儿多余但却无比贴心的工具。

所属步骤：放置

第五章　**家是温暖的
人间归宿**

01 收纳是一场永不终止的实验

　　虽然说只要把一次性的"定位"工作做好就可以在日常生活中轻松维持，但这并不表示，这种"定位"是一劳永逸、永远不变的事情。大家在这本书里看到的我的家只是现在的样子，但是它已经和搬进来的时候有了很多变化。

　　搬家初始，小九刚刚三岁，还和我们一起睡在大床上。那个时候，他的小床摆在儿童房里，只会在白天午睡的时候使用。我的书桌则放在卧室大床的旁边，那时候还在朝九晚五的我，大部分都是晚上躲在屋子里写文章、备课、做方案，做做兼职整理师的工作。

　　小九四岁多的某一天，他突然跟我说："我要睡自己的小床，不过要摆在你们的大床旁边。"主动提出分床，是孩子长大后的自然诉求，作为妈妈，当然要满足。于是小床进了卧室，书桌到了客厅，客厅原来的单人沙发被赶到了阳台，家里才变成了现在这个样子。

1
2 3

1/ 小床原来摆在儿童房里。

2/ 书桌原来摆在卧室里。

3/ 单人沙发原来摆在客厅里。

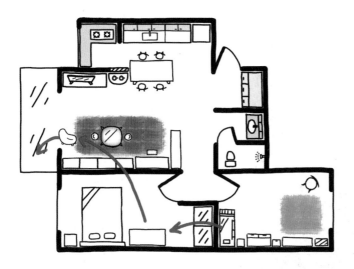

1 ┈┈┈┈┈┈┈┈
2 ┈┈┈┈┈┈┈┈

1/ 为了四岁小朋友"分
　床"而进行的改造。

2/ 原来的儿童房

　　搬走了小床的儿童房，变得更空了。我们把原本放在中间的衣柜挪到了角落，给小九腾出了更大的活动空间。上幼儿园中班后的小九，开始喜欢坐在桌边写写画画，也要做一些小作业了，原来的床头桌直接摇身一变，变成了写字台。虽然距离上学还有接近两年，但他已经开始一点点体验学习的滋味了。

3　　3/ 现在的儿童房

　　原本的客厅书柜，一半都用来收纳家里的杂物，只在最左边低矮位置留给小九一点点收纳玩具的空间。随着他渐渐长大，幼儿园教学也进入了"阅读"主题，他在家看书的时间也变多了，为了配合这种变化，书柜下层原本作为杂物区的功能，调整为以儿童书籍的收纳为主了。

1
2

1/ 原来的书柜

2/ 现在的书柜

除了格局上的大改造，细节的调整更是从未停止。

曾经买来看上去很美的油醋瓶，使用过程中发现会漏油、难清洁、易污染，果断置换成更实用的款式。

厨房水槽下方装上了垃圾处理器，虽然多了这么个大家伙，但只要对收纳方式略做调整，功能可以丝毫不受影响。

3

4

3/ 油醋瓶的置换

4/ 安装了垃圾处理器之后，水槽下收纳的小改造

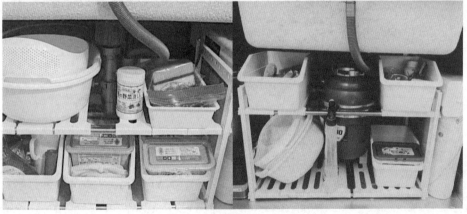

原本和我们的牙刷放在一起的小九的牙刷，从他学会自己刷牙的那天开始，就转移到了他伸手就能够着的位置。

老公多次表示想在进门的时候就换睡衣，于是在玄关柜增加了一个收纳筐用来放他的睡衣……

1
2

1 / 小朋友的牙刷从够不着的置物架挪到够得着的侧面墙壁。

2 / 玄关为先生专门增加了家居服收纳筐。

3/ 乐高用藤筐加簸箕来收纳。

除了这些成功的改造，失败的尝试也并不少。例如，小九的乐高积木一直是直接混装在一个大收纳筐里，玩的时候直接倒出来，收的时候用一个簸箕把它们装回去。我也曾突发奇想，从网络上买来一个带有几十个分隔的收纳工具，想要把它们按照颜色、形状分别装到不同的盒子里去。结果却发现，对于只有四岁的他来说，这种"看上去很美的方式"是根本就无法维持的。所以新买的工具被我送给了成年的朋友，用来收纳手工零件，小九的乐高积木又被我通通倒回了原来的收纳筐里。

这样的"折腾"，在我家里常常发生。我把它们当作一次又一次有趣的实验，一切只为无限接近那个"让家里每个人都能舒服自在"的目标。

你看，真正"为舒服而生"的家，从来都不是定在那里一动不动的画面。

从辞掉固定的工作变成自由职业者了，孩子长大需要分床了，老公觉得在卧室里换睡衣不方便了，发现了一个似乎更好的收纳方式了……诸如此类的事情，每天都在我们的生活中发生。如果不去跟上这些变化，我们就只能一直活在过去的那个状态里，将就和委屈自己。

许多次，我走进别人的家里，去了解他们为什么会陷入怎么也解决不掉的混乱当中。结果发现十有八九，都是当下的生活状态和家的物理状态不匹配造成的。孩子出生了，房间却还是二人世界那个样子；老人搬走了，可他们的东西还一直留在这里；十年前搬进来的时候东西被放在那里，十年后早已物是人非，尘封的旧物居然还在那里……

这种"不匹配"，每天都在给我们带来不便，我们宁愿一遍遍地去克服这些不便，也不愿意尝试做出改变。

如果说收纳真的可以被称为一个"系统"的话，那空间和物品都是它的硬件，人和生活则是它的软件，如果没有了软件，硬件不过就是一堆硬邦邦的废铁。同样，随着软件需求的变化，硬件也要随之进行升级，才能一直顺畅地运行。

曾经有一位住宅设计师说过："一个家不仅应该承载着你的记忆，也应该能够随着你一起成长，并延伸到你未来的生活规划当中去。"

在这本书里你看到的这个家，是为一个职业整理师妈妈、一个朝九晚五的工程师爸爸，和一个准备从幼儿园阶段向小学过渡的小男孩而存在的，只属于当下这一刻的、独一无二的版本。

一年多之后，小九就要上小学了，我已经在脑海里开始盘算，那个时候的家，应该是什么模样？又会发生什么新的变化呢？

这真是其乐无穷的一件事呀！

02 每天只花10分钟，也能轻松维持

人本主义心理学的代表人物卡尔·罗杰斯在他的《个人形成论》（*On Becoming a Person*）一书中曾经说过："美好的生活是一个过程，而不是一个状态，它是一个方向，而不是一个目的地。"

有人的地方就会有生活，装满了热气腾腾的生活，房子才能称之为家。所以，放弃"只要收拾好就再也不用动"的空想吧，无论我们把事先的定位做得多么完美，日常的归位和维持依然是我们逃不掉的工作。虽然我们已经给物品找到了一个舒服的"家"，但是就像我们每天都要出门工作一样，它们也总是要时不时地离开自己的"家"，被使用，被消耗，完成它们为生活服务的职责。用完之后，它们可不会自己走回"家"去，还是需要我们亲自去归位，把它们送回各自的"家"里。

就算是天生爱整理的我，也并不是每天以"收拾屋子"为乐趣，而是以"享受收拾好的屋子"为目标的。我也希望尽可能地缩短花在这件事情上的时间。哪怕每次只节省到10秒钟，日复一日积累起来也是很大一笔。

经过各种尝试，现在我基本上每天都可以在10分钟之内完成归位的工作，让家始终维持在一个比较稳定的状态中。这"平均每天10分钟"是怎么做到的呢？在这里分享几个小经验。

维持小贴士1：不要不停地收拾

上班前试了好几套衣服都不合适，随便穿一套出门，剩下的就随意扔在了衣橱；烤蛋糕的时候，打蛋器、模具、碗盘摊了一桌子；孩子放学一回家，把玩具哗啦啦从收纳盒里倒出来，从儿童房排到客厅……

"天哪，整理的结果无法维持！"——如果每次看到这样的场景你都发出这样的感叹，立刻忍不住动手收拾，那就真的是搞错了。这不叫"整理的结果无法维持"，这叫"正常人类的生活状态"。要让维持变得简单，最重要的就是不要以"每时每刻的整洁"为目标，生活的过程中就尽情享受，只要事后能定期归位，能顺利归位，就不是什么问题。

维持小贴士2：不要跟在家人屁股后面收拾

孩子刚玩完玩具，就立刻收到盒子里，老公刚脱下来扔到地上的袜子，就捡起来拿去洗……这样做结果往往就是，如果有一天我们不去做这些事情，就不会有第二个人再去做了——"反正有人会干的，不是吗？"

我经常任由孩子把玩具扔得家里到处都是，好几天都不收拾，最后他自己忍无可忍地说："我的房间怎么这么乱啊！"这个时候如果我提议"咱们一起来收拾一下吧"，他总是非常愉快地就答应了。时不时让大家体验一下自然后果，让每个人都看到乱糟糟的感觉是什么样的，他们才会知道整洁有多重要。

那些妈妈一直跟在屁股后面收拾的孩子，还常常会在长大之后发生"报复性"混乱。从小到大，每时每刻都感受到来自妈妈的那种"必须时刻维持整洁"的压力，等到可以自己做主的那一天，这种压力就会突然爆发性释放——屋子越乱，心里反而越舒畅。我想，这也一定不是你想看到的结果。

维持小贴士 3：星期一是个好时机

如果每周整理一次，你会选择什么时间来做呢？以前我常常在周五晚上去做这件事，结果周六日先生孩子在家一顿折腾，刚整理好的成果瞬间就毁于一旦，遭受一顿挫败感不说，周一又不得不重来一次。

现在，我把这个"每周整理"的时间安排在周一上午，基本上维持到周末都不成问题。如果你是朝九晚五的上班族，也可以选择在星期日的傍晚来做这件事情。也就是说，如果可以预见到即将出现的乱糟糟，那就先不收拾好了。

维持小贴士 4：眼不见为净收拾法

工作辛苦起来，有的时候难免会懒得动弹。这个时候如果想要家里看起来舒服一点，或者临时要招待客人需要把客厅整理出来，就可以使用"眼不见为净"的方法。

比如，我常常在忍不了混乱又想偷懒时候，直接把孩子的玩具一股脑儿扔到他的儿童房去，只要把门一关，客厅看起来依然可以是美美的。老公的一些丢在外面的小杂物，直接扔到他专属的抽屉或者收纳盒里面去，只要"关上抽屉"就等于"关我什么事"，怎一个爽字了得！

维持小贴士 5：一个房间一个房间来

本来在整理客厅，结果发现几件衣服要放回衣柜，走到衣柜前发现衣柜也很乱，于是收拾起衣柜来……如果你是这么做的，那每次收拾都要花掉一两个小时也就难怪了。你一定还记得，在"定位"的时候我建议大家不要直接按照房间来做，而是要按照物品的种类把它们全部摆出来，并且俯瞰空间全局。但我们完成"定位"后，日常给物品归位时，却最好是要一个房间一个房间地进行，先把卧室整理好，再到客厅，把客厅完成，再到厨房。

如果我们在整理客厅时发现应该放到其他地方的东西怎么办呢？我的解决办法就是，准备一个"转移篮"。当我在客厅整理出需要放回儿童房的玩具时，都会先暂时放在这个篮子里，等到客厅收拾完，就直接拎着它，去下一站儿童房。这样，我就不用在家里各个房间跑来跑去了，极大地提高了效率，节省了时间。

在家里各处运送玩具的"转移篮"

维持小贴士 6：不是必须亲自做的，先不做

　　收拾屋子时，有一部分工作是给散落各处的物品归位，有一部分是擦桌子扫地清洁我们的桌面地面。后者是可以"外包"的工作。

　　如果你时间紧张，忙不过来，那就不要一边收拾桌子上的杂物，一边擦桌子了。

先只把"归位"的工作完成,把东西都放回原来的位置,摆放整齐。剩下的清洁部分,可以交给扫地机器人、拖地机器人,或者请保洁阿姨来帮忙完成。实在不行,"外包"给老公也是个好办法。他本来是乐意帮忙做家务的,你却总是担心在整理这件事情上他会越帮越忙,那不如就把扫地擦桌子这种不需要智商的活儿分配给他好啦!

维持小贴士 7：给枯燥收拾加上生活仪式感

在玄关准备一把小刀,快递到了,立刻拆掉包装纸盒,不让它们进入家门,这样的仪式,是在捍卫家的边界。

每天下班前,先整理好自己的办公桌;回到家之后,把出门的物品放在玄关,把外套换成家居服……同时告诉自己,不要把和工作有关的那些压力,以及在外面遇到的负面情绪带回家,这样的仪式,可以把"外面的你"切换成"家里的你"。

每天睡觉前,和孩子一起整理自己的物品,把玩具们送回家,这样的仪式,是在告诉孩子"今日事今日毕"的道理,不要把麻烦留给第二天的自己。

每天安排几个固定的时间来做这些工作,给本来枯燥的劳动增加心理上的意义,赋予生活仪式感,你就会更有动力。

03 一切都是为了更好地"懒"

很多人在知道我的职业时，第一个反应就是："那你一定很勤劳吧？"

作为一个从来不洗碗，极其讨厌擦地，衣服都是一股脑儿扔进洗衣机，工作忙起来就请钟点工打扫的人……听到这样的评价真的是很惭愧。

"时时勤拂拭，勿使惹尘埃"，大约是在大家心中我们这类人的形象吧，每天在家中忙碌，把各种物品摆放整齐，跟在先生和孩子后边收拾和打扫，辛辛苦苦地维持屋子的干净整洁。

现在，你是否已经看到了事情的真相呢？

曾经有朋友来到我家参观之后说："小蚂蚁，我看你就是足够懒，伸手不可及处对你来说皆是远方，所以才会这么用心做收纳。"没错，我学了这么多，想了这么多，做了这么多，为的正是一个"懒"字呀！

擅长整理收纳的人，并不是热衷于家务的劳模，而是为了能舒服地"偷懒"而无所不用其极的人。

你也许曾经有过这样的感受：在家里突然想要找个舒服的角落，泡一壶茶，看两本书，享受一下慵懒的时光，却发现家里根本就没有这样的地方！桌子上也没空，地上还有一堆快递盒子没拆，唯一可以看书的飘窗垫子上堆满了还没来得及收拾的衣服……

比这种空间上的乱更让人觉得不舒适的是，我们内心感受上的乱。当我们因为拖延导致一堆事情没有做的时候，当我们因为环境的混乱感到烦躁的时候，我们根本就没有办法心安理得、悠闲惬意地去享受我们本可以好好偷懒的闲暇时光。

如果家里的每一件衣服、每一支笔、每一个锅碗瓢盆都乖乖待在自己的位置；如果想要做什么，想要用到什么的时候，一切都以最佳姿态"时刻准备着"为你服务；如果用完的东西，毫不费力地就能把它们放回原位……那么，无论是物品、空间，还是自己的心情，都会井然有序，无论是工作、生活还是娱乐，都可以有条不紊地进行。

一旦身边的一切都找到了秩序，我们就会变得更高效，无论干什么都更快。最后收获了什么？懒啊！当别人还在一堆杂物里翻得焦头烂额的时候，我们已经可以坐在旁边跷着二郎腿喝咖啡了，还不用担心因为自己没完成的事情而被别人打扰，想怎么懒，就怎么懒。

懂得如何聪明地"懒"，才是真正会偷懒之人。收纳，就是为了能够更聪明地偷懒才做的事情。

拥有一个舒服美好的家，除了让我们自己能够"懒"，还要让我们爱的人也可以"懒"。

有一句话说得好，你觉得自己生活得平淡幸福，那是因为背后有很多人在为你承担一切。你不叠衣服，妈妈就会帮你叠；你不洗碗，老公就会去洗；你不在北上广拼了命地争取一个位置，孩子就可能要付出比别人更多的努力才能得到同等的资源……你不解决的问题，终究还是需要被解决，要么是留给将来的你，要么是留给爱你的人。

既然终究逃不过去，我们为什么不能自己承担一些"可以偷懒"背后的辛苦呢？因此，我愿意花一点儿工夫去收拾好一个家，让我爱的人每天回来，都可以直接躺在沙发上舒舒服服地"懒"。

所谓爱，就是为了让你可以好好地享受"懒"，我愿意付出。

想要拥有一个整洁的家没有错，想要偷懒更没有错。懒，一直都是人类进步的原始动力。

如果不是懒得扇扇子，就不会有电扇、空调；如果不是懒得洗衣服，就不会有洗衣机；如果不是懒得走路，就不会有汽车；如果不是为了享受舒适的生活，就压根不需要去做什么整理收纳。懒，是我们默默在追逐的心之本性，是引领我们向前走的一种负能量驱动力。

但是，不是光靠懒，就会有电扇、空调、洗衣机、小汽车的。人类之所以和动物不同，是因为我们有克服本性的能力。我们为了能够懒，不得不发明创造与付出劳动，才一步步走向今日的发达。

想让自己"懒出天际"的同时拥有一个秩序井然的家，就先把"收纳"这件曾经被忽略的小事，认真地对待起来吧。

懒是人类之光，但努力的行动是通向这道光芒的必经之路。

04 当你的决心遇上家人的阻力

当我们好不容易下定了决心，学习整理收纳，打算让自己的家变得焕然一新时，却总是会遇到各种各样的阻力，这种阻力很多时候让我们感到非常无力，因为它们往往来自我们最亲爱的家人。

那个总是问你什么东西在哪里的老公，那个总是横行霸道以弄乱一切为目标的小朋友，还有，那个总是舍不得扔掉破塑料袋的妈妈……每当你把家里收拾得整整齐齐时，他们总是像外星人一样乘着飞碟乱入，把你的成果瞬间毁掉。

为什么只有我一个人在努力？为什么他们从不改变？为什么我想要的生活状态如此遥不可及？

每个想要践行"断舍离"的人，家里都有一位"废弃物品保护神"。每当我们想要处理掉一些不想要的东西时，他们就会跳出来阻止你，不让你扔，或者默默地背着你把扔到垃圾桶里的东西又捡回来。这个人，往往都是家里的老人。

我们总是会想，为什么老人如此固执？为什么明明家里不缺钱，却还要留着那么多旧物不换新？为什么他们的价值观不能像我们一样时髦？

其实，我们搞不懂他们，他们同样搞不懂我们。

我们没有经历过他们经历过的每一件事情，也许是经济拮据，也许是长期被身边的人忽略，甚至可能是因为物资匮乏导致的生存危机……这些事情我们通通没有体验过。对这一切以及由这一切带来的生活习惯，我们自然也很难接受。一个塑料袋对于我们来说，也许就只是个塑料袋，但对于他们来说，就意味着"每一样东西都物尽其用"的一种精神。

妈妈的冰箱收纳

当我们发现不符合自己价值观的一些习惯时，往往第一反应是迫不及待地开始尝试说服别人。这其实是徒劳的。如果靠说服就能改变他人行为的话，这世界上就不需要警察了。

我曾经帮助一些朋友收拾办公桌，发现了有趣的"邻桌效应"：当我收拾某个桌子时，附近的邻居们很快就会坐不住，也加入整理大军，开始热火朝天地收拾自己的桌面。我并没有尝试去说服他们整理之后的好处。然而，当他们看到了实实在在的整理之后的状态，自己就被打动了。

在日剧《我的家里空无一物》里，麻衣作为家里的女主人，曾因为要扔掉无用的东西和妈妈、奶奶发生激烈的争执。后来她把自己的房间和公共的厨房及客厅收拾得异常整洁。习惯于公共空间的整洁之后，当麻衣的妈妈回到自己乱糟糟的屋子后，觉得"我的房间和客厅差距太大了"，自己就开始收拾起来了。

人们更喜欢"自己决定这么做"的感觉，而不是"别人让我这么做"——哪怕他的决定其实是受到了你的影响才产生的。花时间说服，不如先做好自己，再潜移默化地去影响他人。

还记得那个著名的"伊索寓言"吗？北风与太阳在争吵谁的能量大，它们决定，谁能使得行人脱下衣服，谁就胜利了。北风猛烈地刮，想要把行人的衣服刮掉，结果，路上的行人紧紧裹住自己的衣服。太阳把温和的阳光洒向行人，行人觉得好暖和啊，就脱掉了添加的衣服。

在帮助家人养成整洁习惯的时候，我们也要做那个温暖的太阳。

在一个大家庭里，维持环境的整洁需要全家人一起努力。我们既然学会了收纳的技能，就要发挥自己的力量。对于家人不合理的做法，不要直接抱怨、强迫，而是应该用一些"小聪明"来帮助他们改变。

小聪明 1：谁用谁收拾

我曾经也和自己的父母住在一起。厨房交给老人之后，就变得有点儿乱糟糟。虽然每一次进去我都不忍直视，但还是默默接受了。我知道，因为我很少做饭，所以厨房不是我的责任田。我去强硬地帮助整理，很可能会导致真正做饭的人用起来不方便。

开个家庭会议吧，老人、孩子、伴侣，根据每个人的生活需要，为家里的成员划分各自专属的区域，每个人只需要做到：第一，维持公共区域的整洁；第二，不影响别人的责任田。

虽然在我的家里，90%的空间都在我这位整理师掌控下维持着整洁和秩序，但我还是给先生预留了专门属于他的文件盒和抽屉，告诉他这些地方"你想怎么放就怎么放"，那个文件盒和抽屉是我们家唯一乱得不像话的地方，但那又怎么样呢？我只要不去打开它，就对我没有任何影响。

先生的专属抽屉

小聪明 2：简单的临时存放处

先生一回家，总是钱包、手机到处乱扔。那就为他在玄关准备一个篮子吧！不用分隔，越简单越好，让他在进屋的时候不需要动用智商，就可以把所有的随身物品都扔进去，走的时候再一并拿走，再也不怕老公"进门乱扔，出门忘拿"了。

对于上学的小朋友，也一样可以这么做。放学回家，第一件事是把书包和随身物品都放在一个固定的收纳位置。这么简单的要求，小朋友很容易就做到了。

整理收纳的最佳标准，是以"最不擅长整理的人"为参照的。给他们准备更轻松的收纳方式，就是两全其美的解决方案！

小聪明 3：自己的整理偷偷做

扔东西的时候总有人在旁边叹息？处理掉的东西，总有人又重新捡回来？

自己做整理的时候，找一个家里没有其他人的时候偷偷进行吧。只有这样，你才能做出正确的判断，而不是因为家人的看法感受到特别的压力，无法顺利地处理物品。

只是要记住，我们要处理的仅限于自己的物品，别人的东西可不能随便乱扔哦！

小聪明 4：公共的物品标签化

以前和我的父母住在一起的时候，孩子的衣橱让我头疼不已，因为家里的每一个人都会使用它。我好不容易整理好了，总是没几天就又变乱。后来我想了一个办法，给每个抽屉贴上了不同的图形和文字，标识是上衣、裤子、袜子等。这样做的效果立竿见影，宝贝的衣橱很长时间都没有再乱。

很多时候家人不能保持公共物品的整洁，是因为收纳是你自己完成的，他们根本不理解你是怎么分类、怎么规划空间的，自然也就找不到东西，用完了也不知道该放哪儿。

公共物品贴上标签，不但让家人能看到你的收纳方式，还能在无形中提醒大家："要遵守家庭公约。"

用标签提醒家人遵守公共规则。

从对抗变成宽容，从宽容变成影响，从影响变成有策略地改变——这就是"如何搞定不配合的家人"之三部曲。

最理想的状态，当然是各自改变与妥协后，全家人达成一致，共同实现理想的生活。但即使做不到也没有关系啊，因为比一个整洁的家更重要的是，我们和所爱的人们和谐地生活在一起。当全世界都认为你是守财奴、囤积狂时，我仍然能理解你，并不会强迫你必须和我一样。所谓家人，不就应该是这样一种存在吗？

05 家是温暖的人间归宿

在我成为一名职业整理师的过程中，看过许多的书，上过许多的课，做过许多的案例，最终给我留下深刻印象的，并不是那些令人眼花缭乱的技巧和最后呈现出来的惊艳效果，而是那些也许一眼看上去并不算多么惊艳的家，也并不算多么完美的案例中所体现出来的对"人"的关怀。

被称为"全日本最会享受工作"的建筑家中村好文，曾经专门花时间走访世界建筑史上的大量住宅杰作。他会这些房子里面待上几个小时甚至一整天之后，去体会从生理到心理的感受。他认为，只有人的感受，才是衡量这栋房屋是否是一个"美好的家"的最佳佐证。

就拿其中安藤忠雄的成名作"住吉的长屋"来说，那是一栋主要用水泥建造而成、没有丝毫多余装饰的长条形的房屋。水泥箱子冬冷夏热，房屋的主人佐二郎夫妇曾经尝试在酷热的夏夜躲到屋顶，结果却发现屋顶就像开了地暖一样，也在散发着热气。

在这一栋看起来"很不舒服"的房子里，两位主人的状态却让中村好文感受到了"美好"。男主人时常在露天的中庭待上一整天享受日光的满足，女主人时不时从厨房里发出开朗的笑声，无论是酷暑严寒，还是阳光明媚，夫妇二人对这栋房子的一切照单全收，运用自己的智慧解决掉了各种问题，把它升华成了他们生活的一部分。

他们是在"养育一个家"，再伟大的建筑，也只有经历这个被住在里面的人逐渐包容和驯服的过程，才能成为名副其实的"家"。

"究竟是良好的环境改善人与人的关系？还是人与人的关系反过来养育了房子，让也许并不是那么完美的空间变得充满了温情？"这是一个似乎说不清道不明，但答案却又非常肯定的问题。

在我提供整理收纳咨询的上百个案例中，有上千平方米的别墅豪宅，也有三四十平方米的小小蜗居，有一家九口的超级大家庭，也有一人一屋的单身贵族……虽然每一次，我都是用尽浑身解数为他们找到所谓专业的解决方案，但在我的心底却总能隐约看到，在我结束工作离开之后，他们即将拥有什么样的生活，其实跟我给出的方案本身并没有太大的关系。

和所爱的人们共同养育一个家。

就像在那个看起来一点儿都不舒服的"住吉的长屋"里永远都能听到的欢声笑语一样，和谐的亲密关系才是一个家里比什么都重要的东西。

那些尊重彼此、对未来生活充满了憧憬、认真对待每一个细节、遇到困难时彼此开着玩笑打气的一家人，无论房子最后收纳成什么样，都一定会是一个装满幸福的家。

很多人都认为，收纳就是把屋子收拾好。但在我自己看来，用"收拾好"这么三个字就简单地概括我们和家的关系，未免太浅薄了。

正如中村好文说过的："真正的家绝非住宅展览馆，而是温暖的人间归宿。"

与其说，是因为我们在一个房子里努力把各种物品收拾妥当，才拥有了自己理想的生活，不如说，是这样的一个"家"，包容了我们的好、我们的坏、我们的杂物、我们的日常、我们的思绪、我们的梦想、我们爱着的人们……还有，我们自己。

是它无比妥当地"收纳"好了我们的一切，成了我们的人间归宿。

美好的家之 30 天养成计划

看到这里，你是不是也按捺不住想要立刻开始行动呢?

这里为你制定了一份 30 天的行动日历，你可以在自己的家里开始实践从这本书中学到的知识。每天完成一个小任务，30 天之后，你也能拥有一个井井有条又热气腾腾的家!

DAY 01 写下五条你关于家的理想，尽可能具体一些

DAY 02 清理无用的包装盒与塑料袋

DAY 03 把你的衣物全部摆在一起，计算数量

DAY 04 按照"是否喜欢／是否常穿"的四象限筛选衣物

DAY 05 只把"喜欢且常穿"的衣物放回衣橱，给它们合影

DAY 06

把决定流通的衣物叠好装入干净的包袋，写上"自取"，放到垃圾桶的旁边

DAY 07

为你的衣橱置换统一的衣架

DAY 08

使用直立折叠法在抽屉里收纳衣物

DAY 09

找到一本"买回来从来没看过"的书，一本"看了一半看不下去"的书，一本"看完不会再看"的书，在社交平台上赠送给需要的朋友

DAY 10

销毁没有保留价值的纸质文件

对需要保留的纸质文件按照"流动""存档""参考"
分为三类

用统一的文件袋和文件盒收纳好存档的纸质文件，
并贴上标签

按照"功能"和"情感"对客厅的杂物进行分类

把杂物放回收纳空间，使用直立收纳法摆放物品

找到你放小物品的一个抽屉，使用抽屉分隔盒分割
空间

DAY **16**　为客厅的公共物品贴上标签

DAY **17**　建立一个容量固定的"备用纸巾"小仓库

DAY **18**　把客厅的装饰物减少到三分满

DAY **19**　把你的玄关处和出门无关的物品都转移到其他地方

DAY **20**　记录你每天上班前的动线，想出一个可以缩短它的办法

把厨房里的东西都摆出来，做一次彻底的清洁

清理厨房里过期的食物和调味料

为你存储的食材挑选一款统一的、方形的储物罐

把你切菜的台面尽可能地空出来

把餐桌上的物品放回原位

 把洗手池的台面尽可能地空出来

 找到一个阻碍你打扫卫生的物品,为它挑选一个更合适的位置

 帮家人实现一个关于收纳的想法,无论你自己是否认可

 找到第 1 天你写下的五个理想中最简单的那个,制定一份实施计划

 趁你家最乱的时候拍一张照片,给它取名"热气腾腾的生活"